Cuisiner sans recettes
Plats et desserts en infographie

[法]伯兰特·洛盖 [法]安娜-洛尔·埃斯特维 著 戴 童 译

好吃的信息图

人民邮电出版社
北 京

目 录

catalog

完美厨房，全套烹饪工具

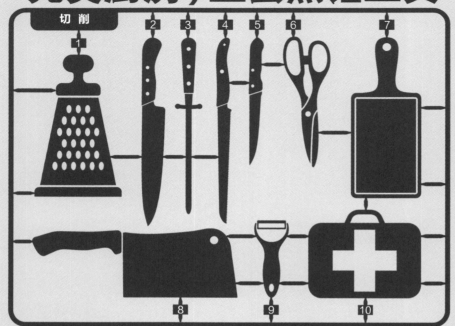

切削

1 2 3 4 5 6 7

8 9 10

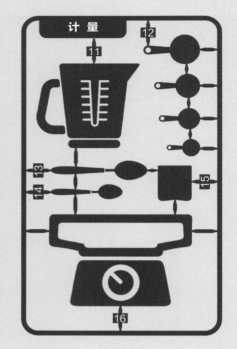

计量

11 12 13 14 15 16

烹煮

17 18 19 20 21 22 23 24 25 26 27 28 29

准备

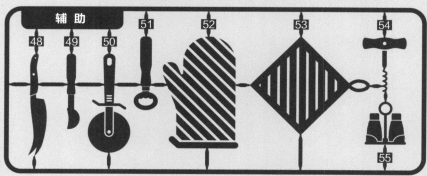

辅助

启发

好吃的
信息图

1 多功能擦菜器
2 大切刀
3 研磨器
4 面包刀
5 削皮切片刀
6 厨房剪刀
7 砧板
8 砍刀
9 削皮刀
10 医药箱
以备轻伤时使用
11 刻度量杯
12 量杯四件套
13 汤匙
14 咖啡匙
15 玻璃杯
16 厨房秤
17 砂锅
18 双耳盖锅
19 压力锅
20 烘烤杯
21 烤盘
22 挞模
23 麦芬模
24 蛋糕模
25 平底煎锅
26 炒锅
27 带盖炖锅

28 锥形炒锅
29 平底烤锅
30 开罐器
31 木质锅铲
32 木勺
33 面点刷
34 汤勺
35 酱泥压榨器
36 漏勺
37 抹刀
38 肉叉
39 沙拉碗、大碗、小碗
40 擀面杖
41 漏斗
42 柑橘榨汁器
43 压蒜器
44 打蛋器
45 滤碗
46 沙拉甩干机
47 滤斗
48 奶酪刀
49 冰淇淋勺
50 披萨饼切刀
51 开瓶器
52 隔热手套
53 锅垫
54 开塞钻
55 调味罐

8 餐桌艺术与礼仪

餐具摆放宽度
每人 60 cm 至 70 cm

胡椒粉

盐

奶酪刀

甜点匙

面包刀

面包盘

餐巾摆放方式：
午餐：折叠摆放在餐盘中
晚餐：折叠摆放在餐盘和餐具左侧

沙拉叉

食鱼叉

食肉叉

餐具：
距离桌边 5 cm

餐盘：
距离桌边 2 cm

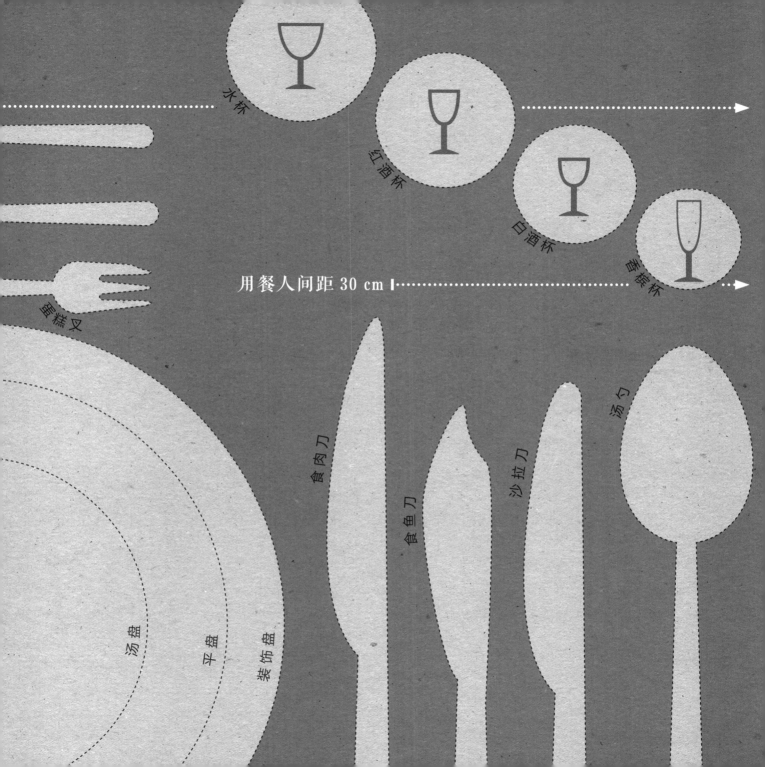

水杯

红酒杯

白酒杯

香槟杯

蛋糕叉

用餐人间距 30 cm

食肉刀

食鱼刀

沙拉刀

汤勺

汤盘

平盘

装饰盘

单位换算与等价代换

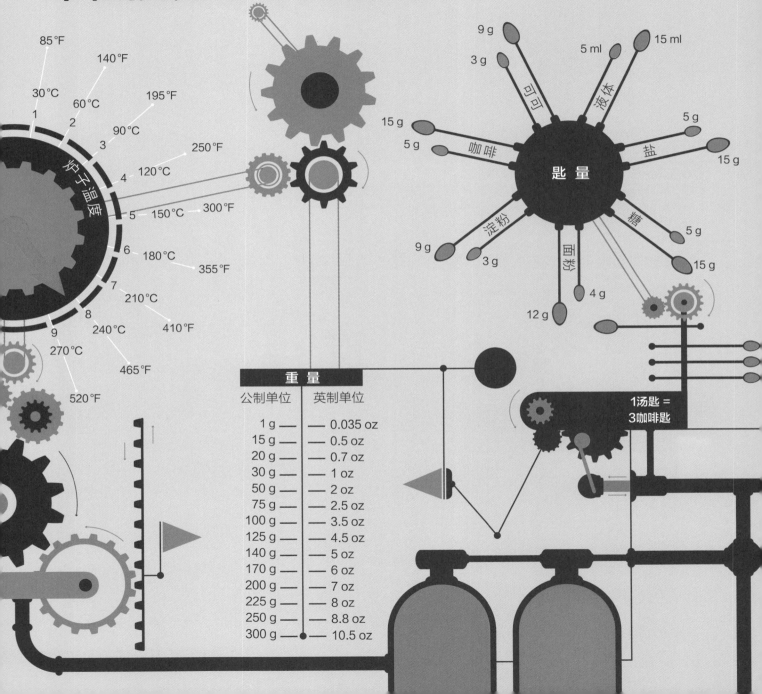

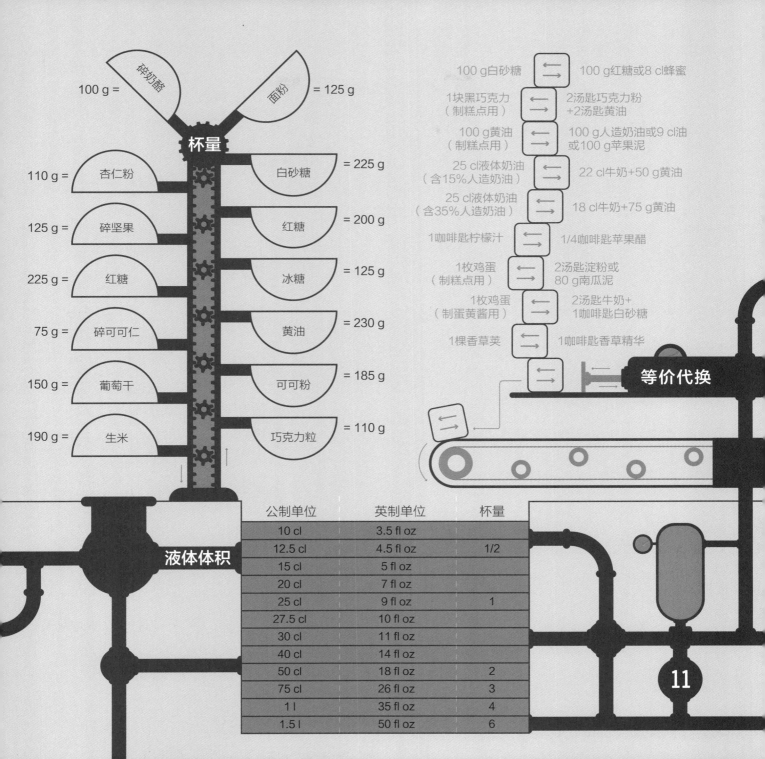

杯量

100 g = 碎奶酪 · 面粉 = 125 g

110 g = 杏仁粉
125 g = 碎坚果
225 g = 红糖
75 g = 碎可可仁
150 g = 葡萄干
190 g = 生米

白砂糖 = 225 g
红糖 = 200 g
冰糖 = 125 g
黄油 = 230 g
可可粉 = 185 g
巧克力粒 = 110 g

等价代换

100 g白砂糖 ⇄ 100 g红糖或8 cl蜂蜜

1块黑巧克力（制糕点用）⇄ 2汤匙巧克力粉 +2汤匙黄油

100 g黄油（制糕点用）⇄ 100 g人造奶油或9 cl油 或100 g苹果泥

25 cl液体奶油（含15%人造奶油）⇄ 22 cl牛奶+50 g黄油

25 cl液体奶油（含35%人造奶油）⇄ 18 cl牛奶+75 g黄油

1咖啡匙柠檬汁 ⇄ 1/4咖啡匙苹果醋

1枚鸡蛋（制糕点用）⇄ 2汤匙淀粉或 80 g南瓜泥

1枚鸡蛋（制蛋黄酱用）⇄ 2汤匙牛奶+ 1咖啡匙白砂糖

1棵香草荚 ⇄ 1咖啡匙香草精华

液体体积

公制单位	英制单位	杯量
10 cl	3.5 fl oz	
12.5 cl	4.5 fl oz	1/2
15 cl	5 fl oz	
20 cl	7 fl oz	
25 cl	9 fl oz	1
27.5 cl	10 fl oz	
30 cl	11 fl oz	
40 cl	14 fl oz	
50 cl	18 fl oz	2
75 cl	26 fl oz	3
1 l	35 fl oz	4
1.5 l	50 fl oz	6

11

12

完美冰箱内幕

24 小时

蛋黄酱、内脏、香肠肉、肉馅、鱼肉、生海鲜

6 天

煮鸡蛋、开封消毒牛奶、开封鲜奶酪、开封酸奶、储存在塑料盒中洗过的新鲜料、大多数蔬菜

1~3 周

鸡蛋、火腿、开封的鲜奶酪

冰箱贮藏

芦笋、茄子、胡萝卜、萝卜、西芹、大白菜、西兰花、花椰菜、黄瓜、西葫芦、四季豆、苦苣、葱、菜椒、生菜、朝鲜蓟、玉米、蘑菇、栗子、樱桃、草莓、荔枝、苹果、葡萄等

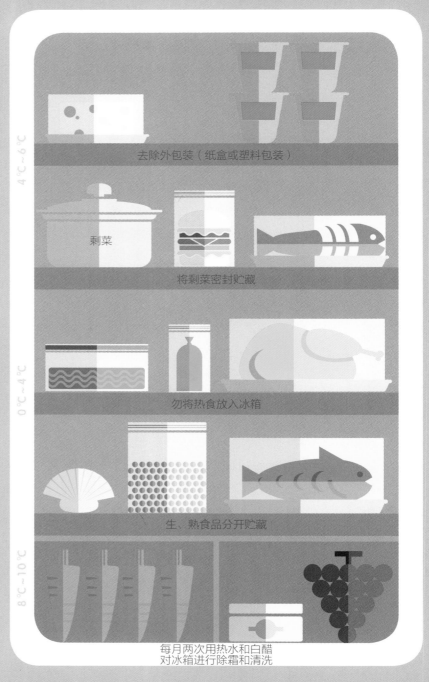

去除外包装（纸盒或塑料包装）

剩菜

将剩菜密封贮藏

勿将热食放入冰箱

生、熟食品分开贮藏

每月两次用热水和白醋对冰箱进行除霜和清洗

4℃~6℃

0℃~4℃

8℃~10℃

不要摆放过多食品：保持空气流通

勿将冷藏食品长久放置于冰箱外

尽量将保质期较短的食品放置在外侧

6℃-8℃

48 小时　生肉、熟鱼肉、糕点、酱菜、甜食、剩菜

3 天　熟肉、火腿等肉制品、生鸡肉、鲜果汁、各式馅饼、肉酱汁、豆芽、半成品蔬菜

4~5 天　剩鸡肉、生肉酱、熟肉酱、菠菜、苦苣、生菜、鲜奶油、开封后的果汁

12 月　番茄酱、市场售酸醋汁、人造奶油

常温贮藏
蒜、南瓜、洋葱、白薯、土豆、
番茄、杏、柑橘、香蕉、鳄梨、
菠萝、猕猴桃、香瓜、油桃、
桃子、梨、李子、坚果、杏仁等

健康均衡饮食

脂肪
糖盐

肉类
鱼类
蛋类

乳制品

水果和
蔬菜

谷物
和淀粉

水

每天
至少
运动30分钟

❶ 水：餐中与日常随意饮用（每日1.5l~2l）；❷ 谷物和淀粉：每餐食用，依照胃口而定；
❸ 水果和蔬菜：每日至少5种；❹ 乳制品：每日3种；❺ 肉类、鱼类、蛋类和蛋白质：
每日1~2顿；❻ 脂肪、糖、盐：严格控制。

吃什么

早餐

1盒酸奶
或1盒奶酪酸奶
或1杯牛奶

1杯果汁
或1个水果

面包
或麦片

午餐

30 g奶酪
或1盒酸奶

或1盒奶酪酸奶

1份肉或鱼
或蛋类（100 g）

1份生食或
熟食蔬菜（100 g）

淀粉

1个水果

水随意

加餐（可选）

面包
或麦片

1个水果
或果盘

1盒酸奶
或1块奶酪
或1盒奶酪酸奶

水随意

晚餐

1份肉或鱼
或蛋类（100 g）

1份生食或
熟食蔬菜（100 g）

1个水果

淀粉

水随意

30 g奶酪
或1盒酸奶
或1盒奶酪酸奶

每天选五种蔬菜

一份蔬菜（生食）=

1棵朝鲜蓟或
2棵朝鲜蓟菜心

6棵芦笋

1/2个鳄梨

1/2棵甜菜

150 g君达菜

150 g茄子

100 g西兰花

1根胡萝卜

125 g西芹

10个香菇

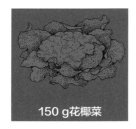
150 g花椰菜

1/4棵白菜

1/3根黄瓜

1/2根西葫芦

1棵苦苣

125 g菠菜

1/2株茴香

125 g四季豆

1棵莴苣

150 g小萝卜

1棵葱

150 g南瓜

1个菜椒

1个番茄

1小碗汤

每天选五种水果

一份水果 =

2个杏

3片菠萝

1根香蕉

10~15粒樱桃

2个柠檬

3个无花果

6~8个草莓

2把蔓越莓

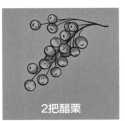
2把醋栗

20 cl果汁

2个猕猴桃

1/2个芒果

1/2个香瓜

6个黄香李

2把桑葚

2把蓝莓

1/2个柚子

1片西瓜

1个桃子

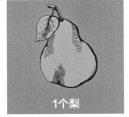
1个梨

1个苹果

3个李子

15粒葡萄

1份果泥

1杯水果沙拉

时令蔬菜

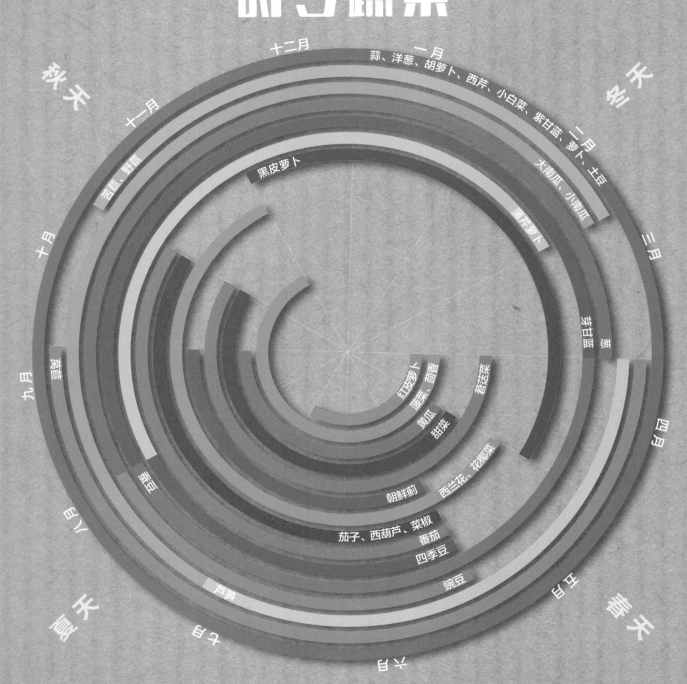

四季水果

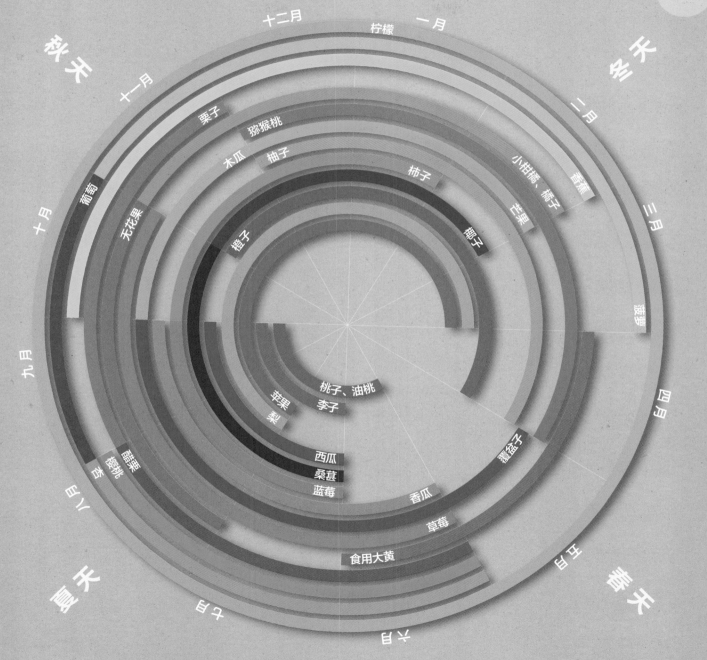

香料与佳肴的绝配

莳萝

罗勒

香葱

雪维菜

香菜

龙蒿

月桂

薄荷

牛至

香芹

迷迭香

鼠尾草

百里香

马鞭草

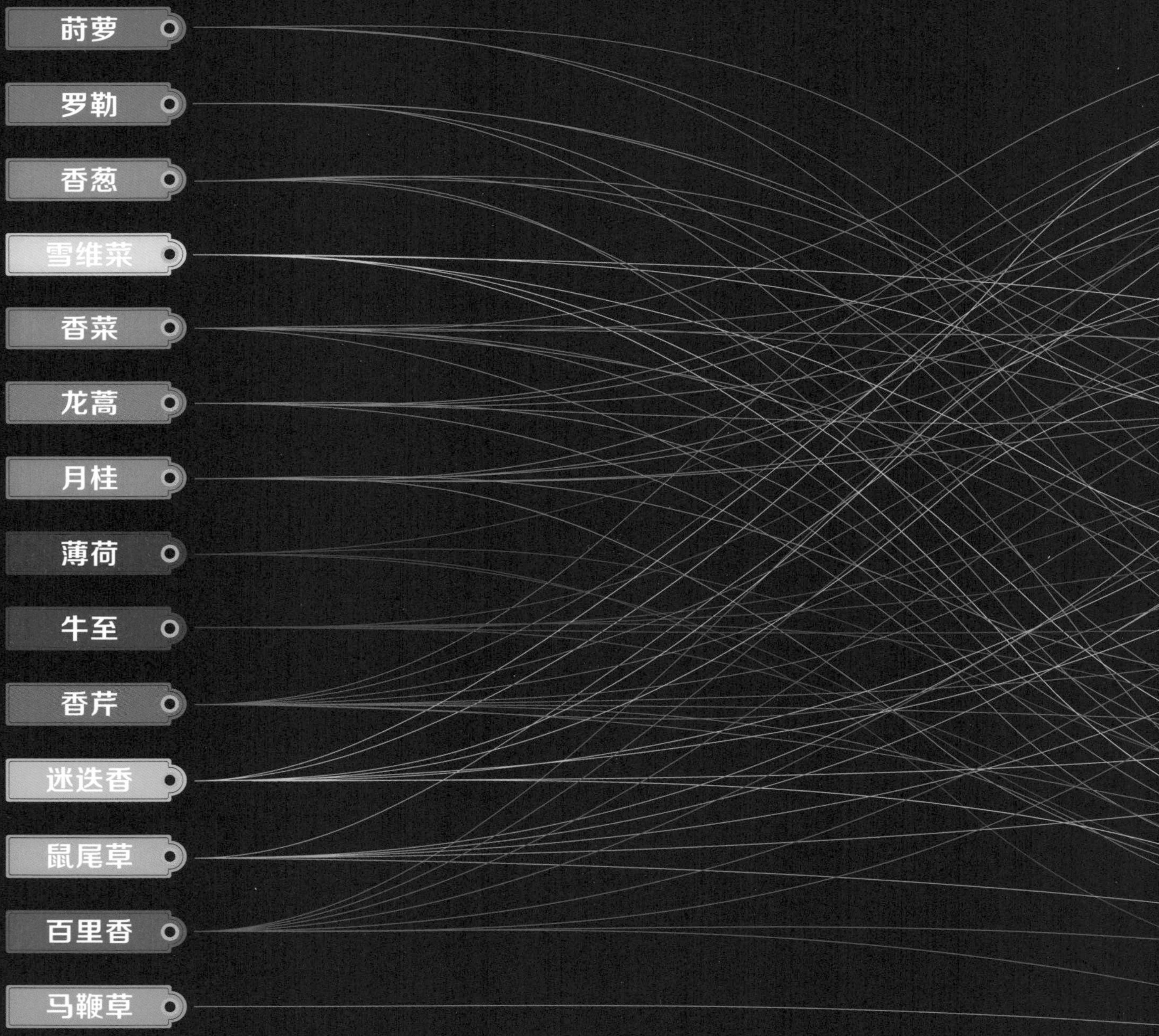

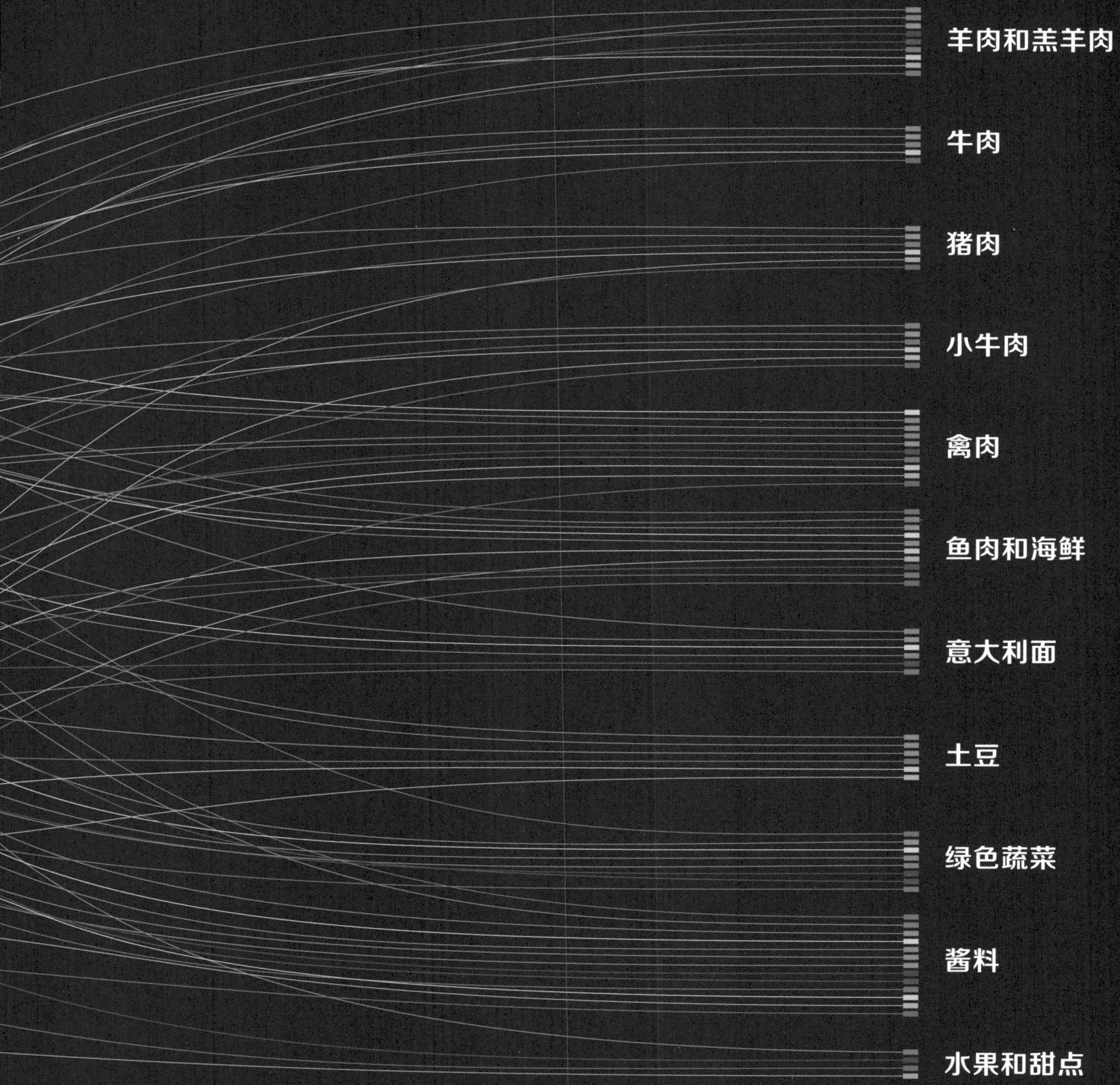

羊肉和羔羊肉

牛肉

猪肉

小牛肉

禽肉

鱼肉和海鲜

意大利面

土豆

绿色蔬菜

酱料

水果和甜点

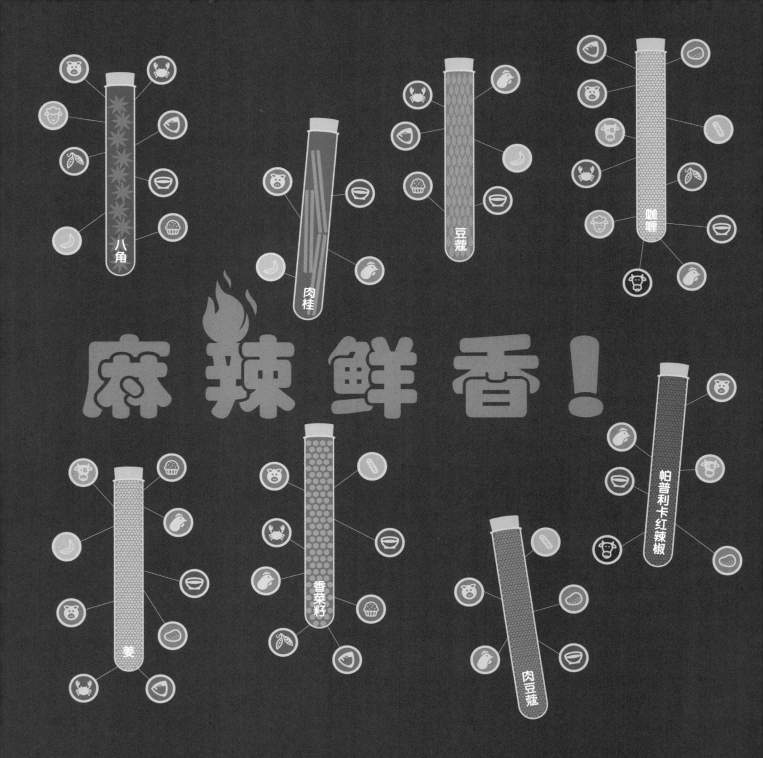

麻辣鲜香！

八角

肉桂

豆蔻

咖喱

姜

香菜籽

肉豆蔻

帕普利卡红辣椒

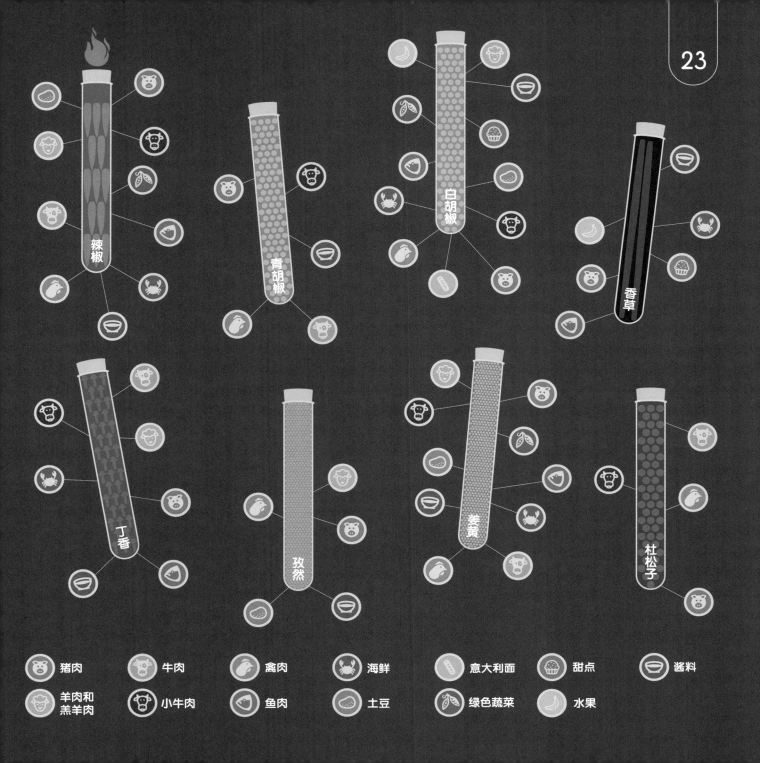

辣椒

青胡椒

白胡椒

香草

丁香

孜然

姜黄

杜松子

猪肉　　　　牛肉　　　　禽肉　　　　海鲜　　　　意大利面　　　甜点　　　　酱料

羊肉和
羔羊肉　　　小牛肉　　　鱼肉　　　　土豆　　　　绿色蔬菜　　　水果

美食恋上葡萄酒

甲壳类

鱼肉

白肉

红肉

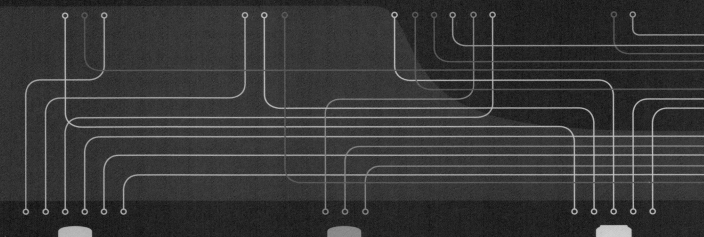

干白葡萄酒

卢瓦尔河谷
阿尔萨斯
勃艮第
博若莱
汝拉山
萨沃伊
罗讷河谷
郎格多克-鲁西荣
普罗旺斯
科西嘉
法国西南部
波尔多

白葡萄酒

卢瓦尔河谷
阿尔萨斯
法国西南部
波尔多

起泡白葡萄酒

卢瓦尔河谷
郎格多克-鲁西荣
波尔多

烤肉

软质奶酪

硬质奶酪

蓝纹奶酪

香槟酒

香槟

红葡萄酒

卢瓦尔河谷
阿尔萨斯
勃艮第
博若莱
汝拉山
萨沃伊
罗讷河谷
郎格多克-鲁西荣
普罗旺斯
科西嘉
法国西南部
波尔多

玫瑰葡萄酒

卢瓦尔河谷
郎格多克-鲁西荣
普罗旺斯
科西嘉
法国西南部

早安！走遍全球

德国 黑麦面包+芝麻面包+萨拉米腊肠+火腿+香肠+摩泰台拉香肚+奶酪+咖啡/牛奶/巧克力

塞内加尔 杂谷粥+图巴咖啡

英国 鸡蛋+培根+番茄+番茄酱煮红豆+烤薯条+吐司面包+茶

肯尼亚 干饼+杂谷粥+水果+茶

澳大利亚 麦片粥+酸奶+吐司面包+果酱+澳洲维吉麦酱+果汁+奶茶/咖啡

埃及 富尔-梅达梅斯+皮塔饼+茶

越南 河粉+醋渍洋葱

巴西 木瓜/芒果/西瓜+吐司面包+果酱/蜂蜜+火腿+果汁+咖啡

古巴 热带水果+吐司面包+黄油+果汁+牛奶咖啡

意大利 羊角面包+咖啡/卡布奇诺

韩国 米饭+蔬菜清汤+泡菜

加拿大 燕麦粥+酸奶+红色水果+煎蛋+培根+果酱+咖啡

玻利维亚 萨拉特纳蔬菜馅饼/芒果/香蕉/木瓜+玉米面糊

吃早餐

西班牙
番茄配橄榄油或香蒜面包+奶酪/火腿/香肠+牛奶咖啡/肉桂热巧克力

印度
薄饼+印度酸豆汤+印度酸辣酱+茶

日本
酱汤+烤鲑鱼+豆腐+酱菜+米饭+绿茶

中国
粥+茶鸡蛋/炒面+包子/蒸饺+红茶

法国
长棍面包+黄油+果酱+牛角面包+橙汁+咖啡

伊朗
拉瓦什大饼+奶酪+黄油+果酱+甜茶

美国
薄烤饼/甜甜圈+枫树糖浆/花生酱+炒蛋+培根+美式咖啡

菲律宾
芒果+米饭+煎蛋+隆格尼萨香肠

土耳其
奶酪+黄油+橄榄+煎蛋+番茄+黄瓜+果酱+蜂蜜+面包+咖啡

摩洛哥
巴吉尔薄饼+蜂蜜+融化的黄油+奶酪+肉桂香橙沙拉+薄荷茶

俄罗斯
俄式煎饼+果酱+酸奶+熏鱼+特浓奶茶

果昔

热带浓情
- 4 块冰块
- 100 g 芒果
- 2 cl 橙汁
- 25 g 菠萝
- 1/4 根香蕉
- 5 cl 椰汁

草莓地带
- 冰块
- 80 g 草莓
- 1/4 根香蕉
- 1 咖啡匙蔗糖
- 5 cl 牛奶
- 5 片薄荷叶

清新抹茶
- 2 块冰块
- 1 咖啡匙抹茶粉
- 2 把菠菜叶
- 15 cl 杏仁奶
- 1/2 鳄梨
- 1 汤匙蜂蜜

夏日之阳
- 4 块冰块
- 1/4 个香瓜
- 1/2 咖啡匙香草精华
- 1/2 个桃子
- 1 个杏
- 5 cl 橙汁
- 少许胡椒粉

柑橘家族
- 4 块冰块
- 5 cl 柚子汁
- 2 cl 橙汁
- 1 cl 柠檬汁
- 1/2 根香蕉
- 3 cl 牛奶
- 1 咖啡匙龙舌兰糖浆

红唇浆果
- 4 块冰块
- 5 个覆盆子
- 5 个桑葚
- 1 cl 橙汁
- 3 个草莓
- 3 cl 苹果汁
- 10 个蓝莓
- 1 汤匙液体奶油

制作方法

 +  +  =

排毒果昔

- 4 块冰块
- 1/2 串黑葡萄
- 1/2 个石榴
- 50 g 蓝莓
- 少许柠檬汁
- 1/2 个苹果

杏香冰茶

- 4 块冰块
- 1/4 咖啡匙姜末
- 2 根香蕉
- 1 咖啡匙香草精华
- 15 cl 杏仁奶
- 1/4 咖啡匙肉桂粉
- 1 撮豆蔻粉
- 1 撮肉蔻末

番茄红潮

- 4 块冰块
- 1/2 根胡萝卜
- 1 撮盐
- 1 个番茄
- 1/4 根西芹
- 1/2 咖啡匙伍斯特辣酱油
- 1 cl 柠檬汁
- 15 片香菜叶

火龙果特饮

- 4 块冰块
- 1/2 个火龙果
- 1 根香蕉
- 40 g 菠萝
- 12 cl 椰汁
- 1 cl 柠檬汁

焦糖饼干

- 4 块冰块
- 1/2 根香蕉
- 2 块焦糖饼干
- 1 咖啡匙枫树糖浆
- 5 cl 苹果汁
- 1 小份自然发酵酸奶

膳食纤维

- 4 块冰块
- 1 根胡萝卜
- 1 cl 橙汁
- 1/4 根黄瓜
- 1 个苹果
- 少许橄榄油

欢愉一刻

- 4 块冰块
- 1 撮盐
- 1/4 根黄瓜
- 1 撮姜末
- 1 球青柠雪芭
- 3 片罗勒叶
- 3 片薄荷叶

绿色风暴

- 4 块冰块
- 1 咖啡匙蜂蜜
- 2 把嫩菠菜芽
- 1 根香蕉
- 1 个猕猴桃
- 1 段 0.5 cm 宽的鲜姜
- 15 cl 米浆

鳄梨迷香

- 4 块冰块
- 少许橄榄油
- 1/4 根黄瓜
- 1/2 个鳄梨
- 1 根迷迭香
- 1 cl 青柠汁

三明治

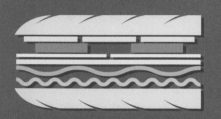

火腿三明治

长棍面包／黄瓜／番茄／
埃曼塔奶酪／白火腿／
莴苣／蛋黄酱／长棍面包

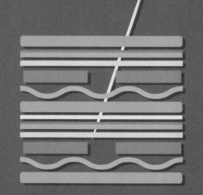

俱乐部三明治

烤庞多米吐司面包／烤培根／烤火
鸡柳／番茄／莴苣丝／烤庞多米吐
司面包／车达奶酪／烤培根／
烤火鸡柳／番茄／莴苣／
烤庞多米吐司面包

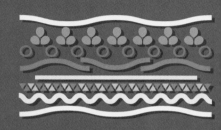

墨西哥鸡肉饼

墨西哥薄饼／香菜叶／
墨西哥辣椒／红菜椒／车达奶酪
烤鸡肉／鲜奶油／
墨西哥薄饼

古巴三明治

小面包／传统蛋黄酱／鲜奶油／酸
黄瓜／手撕烤猪肉／胡萝卜丝／
埃曼塔奶酪末／小面包

斯堪的纳维亚三明治

极地面包／西芹丝／苹果丝／
鲜奶油／辣根菜／熏鲱鱼／莴苣／极地面包

土耳其烤肉三明治

皮塔饼／白汁酱／番茄／洋葱／帕普
利卡红辣椒、咖喱和百里香腌制的烤
牛肉，烤熟并手撕／莴苣／皮塔饼

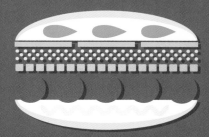

法拉费皮塔三明治

皮塔饼 / 香菜叶 / 红洋葱 / 塔布雷
沙拉 / 玉米粒 / 法拉费肉丸 / 希腊
酸奶 / 皮塔饼

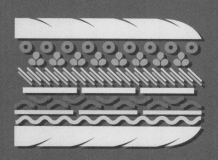

越南三明治

长棍面包 / 红辣椒 / 香菜叶 /
醋渍白萝卜 / 醋渍胡萝卜 / 黄瓜 / 冷酱烤猪肉 /
越南香肚 / 蛋黄酱 / 长棍面包

尼斯沙拉三明治

乡村圆面包 / 红菜椒 / 盐渍金枪
鱼 / 鳀鱼排 / 青葱 / 尼斯黑橄榄 /
煮鸡蛋 / 黄瓜 / 番茄 / 法国小生
菜 / 橄榄油醋汁 / 乡村圆面包

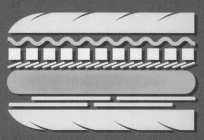

"冲锋枪"薯条三明治

长棍面包 / 芥末酱 / 费塔奶酪 /
白菜丝 / 长干肠 / 薯条 / 长棍面包

菲希塔牛肉三明治

墨西哥薄饼 / 鲜奶油 / 塔巴斯哥辣酱® /
煮红豆 / 熟牛肉馅 / 烤肉酱 / 玉米粒 /
煮红豆 / 墨西哥薄饼

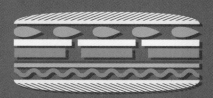

帕尔玛火腿帕尼尼三明治

夏巴塔面包 / 罗勒叶 /
马苏里拉奶酪 / 番茄 / 帕尔玛火腿 /
橄榄油 / 夏巴塔面包

贝果

(32)

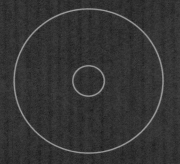
原味面包

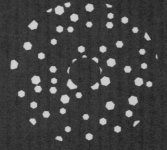
粗盐面包

香蒜面包

奶酪辣椒面包

洋葱面包

孜然面包

燕麦面包

白芝麻面包

葵花籽面包

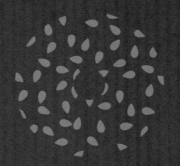
亚麻籽面包

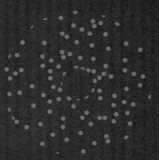
黑芝麻面包

葛缕子面包

和配料

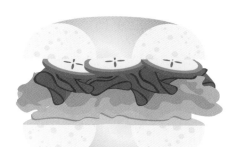

五香熏牛肉贝果

黄瓜 / 五香熏牛肉 /
生菜 / 芥末酱

培根贝果

烤培根 / 生菜 / 番茄 / 蛋黄酱

火鸡肉贝果

熏火鸡肉薄片 / 生菜 / 黄瓜 /
车达奶酪 / 红洋葱 / 天然奶油奶酪

金枪鱼贝果

黄瓜 / 番茄 / 金枪鱼肉泥 / 生菜

鲑鱼贝果

生菜 / 鳄梨 / 熏鲑鱼 / 红洋葱 /
香葱奶油奶酪

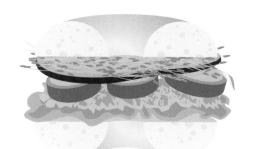

素食贝果

谷芽 / 烤茄子 / 烤西葫芦 /
鹰嘴豆泥 / 生菜

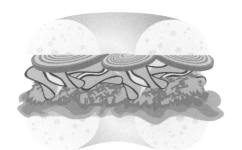

鸡肉贝果

红洋葱 / 熏鸡肉薄片 /
鳄梨酱 / 生菜

萨拉米腊肠贝果

番茄 / 马苏里拉奶酪 /
萨拉米腊肠 / 意大利青酱 / 生菜

炒蛋贝果

生菜 / 炒蛋 / 培根 /
天然奶油奶酪

卷饼

牛肉墨西哥煎饼 墨西哥小麦薄饼+生菜+熟牛肉馅+番茄丁+青椒丁+红豆+香菜叶+塔巴斯哥辣酱®

炸鸡卷饼 墨西哥小麦薄饼+生菜+番茄莎莎酱+蛋黄酱+炸鸡肉丝+鳄梨薄片

火鸡肉卷饼 皮塔饼+希腊酸奶黄瓜+火鸡薄片+新鲜洋葱丁+薄荷叶+西葫芦丁+米卷皮+生菜+胡萝卜丝+多种奶油罐+番茄干+青辣椒+豆卷

熏鲑鱼卷饼 拉瓦什大饼+芝麻菜+香葱奶油卷饼+熏鲑鱼+胡萝卜丝+希腊酸奶黄瓜+黄瓜条

羊肉卷饼 皮塔饼+鹰嘴豆泥+冷羊后腿肉馅+洋葱+蒸花菜丁+番茄丁+印度薄荷酸奶

猪肉卷饼 墨西哥小麦薄饼+酸甜酱+冷烤猪肉馅+红洋葱薄片+菠萝丁

印度烤鸡块卷饼 印度薄煎饼+生菜+番茄丁+玉米笋（+种咖喱）+烤鸡咖喱丁+红洋葱薄片+印度薄荷酸奶

素食卷饼 拉瓦什大饼+希腊酸奶+塔布雷沙拉+黄瓜条+烤红菜椒薄片+烤茄子片

沃尔多夫式卷饼 皮塔饼+生菜+蛋黄酱+西芹丁+苹果薄片

Croque-monsieur

奶酪火腿热三明治

（白酱）

埃曼塔奶酪

白火腿

黄油

庞多米吐司面包

制作方法

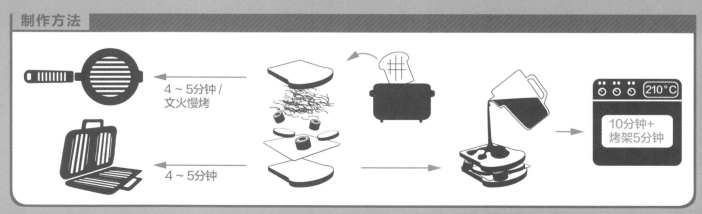

4 ~ 5分钟 /
文火慢烤

4 ~ 5分钟

210°C

10分钟+
烤架5分钟

"咬太太"

煎鸡蛋
吐司面包
埃曼塔奶酪
白火腿
黄油
吐司面包

Croque-madame

奥弗涅风味

吐司面包
核桃仁
奥弗涅蓝纹奶酪
熏火腿
黄油
吐司面包

Croque auvergnat

萨沃伊风味

吐司面包
瑞布罗申奶酪
水煮土豆片
黄油
吐司面包

Croque savoyard

意大利风味

吐司面包
马苏里拉奶酪
帕尔玛火腿
罗勒青酱
吐司面包

Croque italien

北欧风味

吐司面包
埃曼塔奶酪
熏火腿
辣根菜酱
吐司面包

Croque nordique

阿尔萨斯风味

吐司面包
埃曼塔奶酪
斯特拉斯堡香肠
芥末酱
吐司面包

Croque alsacien

煎刮奶酪风味

吐司面包
酸黄瓜
煎刮奶酪
干火腿
黄油
吐司面包

Croque raclette

葱心奶酪风味

煎鸡蛋
吐司面包
山羊奶酪
炖葱段
黄油
吐司面包

Croque poireau

卡芒贝尔奶酪风味

吐司面包
卡芒贝尔奶酪
苹果薄片
格里松牛肉
半咸黄油
吐司面包

Croque camembert

热狗

芝加哥风味

黑芝麻面包
牛肉酱
番茄
热狗酱
酸黄瓜
西芹酱
芥末酱

HOT DOG

纽约风味

热狗面包
牛肉酱
花菜丁
洋葱丁
蒜末
车达奶酪
番茄酱
芥末酱

经典风味

热狗面包
牛肉酱
番茄酱
芥末酱

hot dog

魔王热狗

HOT DOG

热狗面包
牛肉酱
煮鸡蛋
墨西哥辣酱

Hot Dog

西雅图风味

热狗面包
牛肉酱
奶油奶酪
烤洋葱

HOT DOG

古巴风味

热狗面包
猪肉馅

南部风味

热狗面包
卷心菜丝
牛肉酱
芥末酱
洋葱圈
干辣椒

洛杉矶风味

热狗面包
牛肉酱
干辣椒
洋葱丁
番茄酱
芥末酱

西南风味

热狗面包
红豆
培根
牛肉酱
辣椒莎莎酱
墨西哥辣椒
洋葱丁
番茄
芥末酱

德国风味

热狗面包
盐酸菜
法兰克福香肠
传统芥末酱
车达奶酪

HOT DOG

夏威夷风味

热狗面包
牛肉酱
菠萝莎莎酱
培根
酱油
薄荷叶

汉堡包

双层芝士汉堡

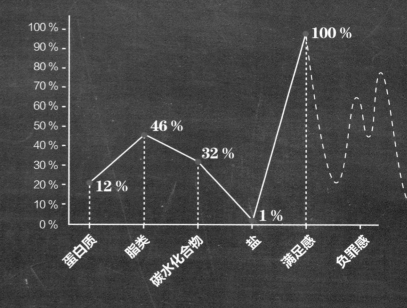

- 100 %
- 90 %
- 80 %
- 70 %
- 60 %
- 50 %
- 40 %
- 30 %
- 20 %
- 10 %
- 0 %

12 % — 蛋白质
46 % — 脂类
32 % — 碳水化合物
1 % — 盐
100 % — 满足感
负罪感

配料

烤菠萝	烤哈鲁米奶酪	面包
烤培根	番茄酱	青酱
奥弗涅蓝纹奶酪	生菜	烤鸡肉
车达奶酪	蛋黄酱	芝麻菜
酸黄瓜	芥末	烤肉酱
煎鲜鹅肝	马苏里拉奶酪	照烧酱
谷芽	糖渍洋葱	牛肉饼
鳄梨酱	鲜洋葱	鲜番茄

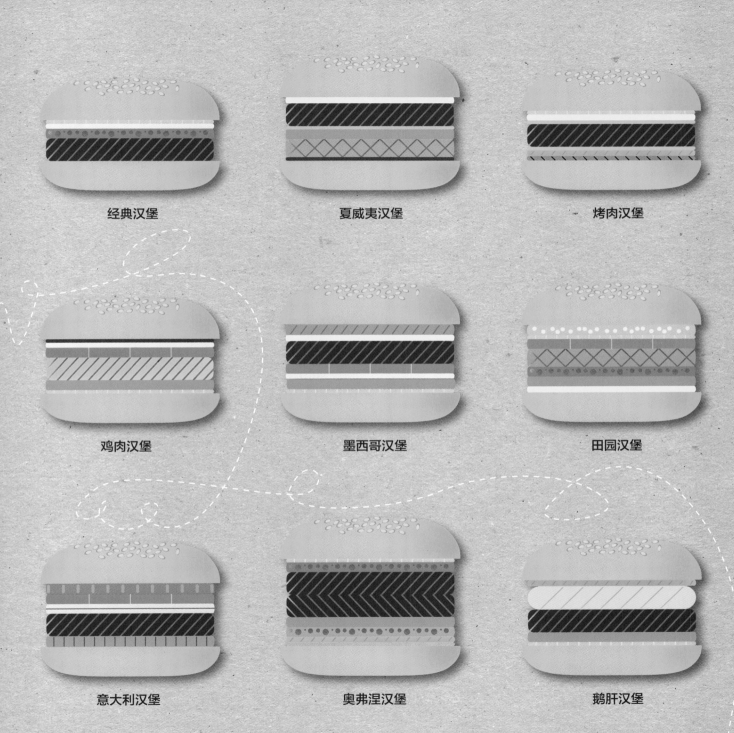

经典汉堡 夏威夷汉堡 烤肉汉堡

鸡肉汉堡 墨西哥汉堡 田园汉堡

意大利汉堡 奥弗涅汉堡 鹅肝汉堡

塔汀面包

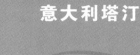 将面包片烤成金黄色

火腿无花果塔汀　　　　意大利塔汀　　　　香菇塔汀

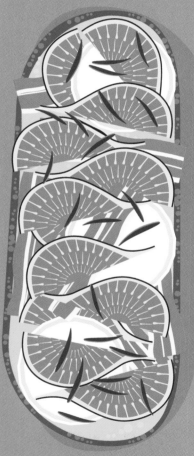 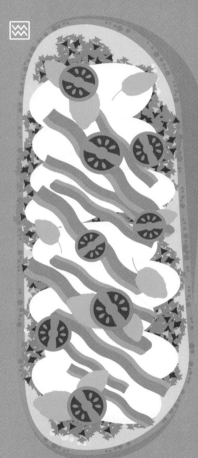 

乡村面包　　　　　　　夏巴塔面包　　　　　全麦面包
鲜山羊奶酪　　　　　　意大利青酱　　　　　孔泰奶酪片
糖渍洋葱　　　　　　　马苏里拉奶酪圈　　　鸭胸肉
干火腿片　　　　　　　樱桃番茄　　　　　　煎香菇
无花果片　　　　　　　烤菜椒　　　　　　　香芹叶
意大利香醋奶油　　　　罗勒叶
迷迭香

芦笋鸡蛋塔汀

春意塔汀

香梨布里奶酪塔汀

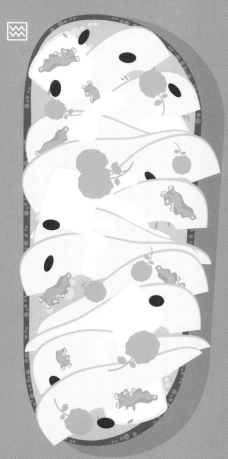

黑麦面包
炒蛋
煎芦笋
煎豌豆
薄葱片

普瓦兰面包
里科塔奶酪
鳄梨薄片
红、黄双色樱桃番茄及橙子切片
小红洋葱圈
芝麻

谷物面包
布里奶酪片
梨片
坚果碎丁
葡萄干
烤水田芹

沙拉

8 苦苣沙拉

10 胡萝卜沙拉

9 鳄梨沙拉

罗克福奶

柑橘花汁

1

意大利沙拉

罗勒叶

鳄梨

葵花籽油

番茄干

小红洋葱

葡萄干

虾仁

芝麻菜   马苏里拉奶酪

胡萝卜沙拉

橙子   蜂蜜   胡萝卜   松子仁

10

请仔细清洗所有蔬菜和水果配料。

鲑鱼

雪利酒醋

鸡尾酒酱

干瘪沙拉菜   绿橄榄

苹果

核桃仁

牛至

苦苣

希腊沙拉

费塔奶酪

甜菜

西葫芦

4

白葡萄籽

鳄梨沙拉 9

6 山羊奶酪沙拉

8

苦苣沙拉

5

紫甘蓝沙拉

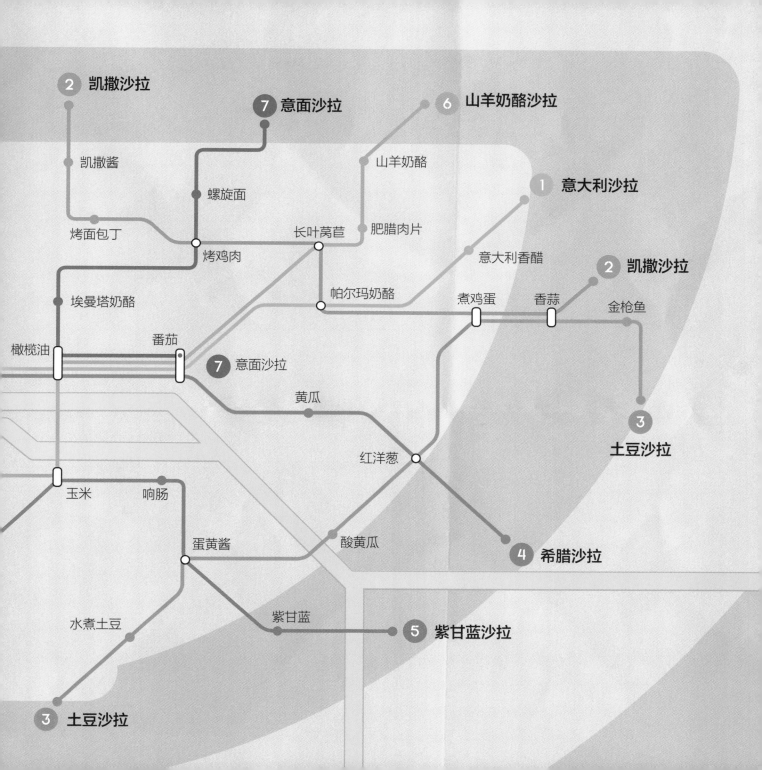

② 凯撒沙拉

⑦ 意面沙拉

⑥ 山羊奶酪沙拉

凯撒酱

山羊奶酪

① 意大利沙拉

螺旋面

烤面包丁

长叶莴苣

肥腊肉片

烤鸡肉

意大利香醋

② 凯撒沙拉

埃曼塔奶酪

帕尔玛奶酪

煮鸡蛋

香蒜

金枪鱼

橄榄油

番茄

⑦ 意面沙拉

③ 土豆沙拉

黄瓜

红洋葱

玉米

响肠

蛋黄酱

酸黄瓜

④ 希腊沙拉

水煮土豆

紫甘蓝

⑤ 紫甘蓝沙拉

③ 土豆沙拉

醋酱汁

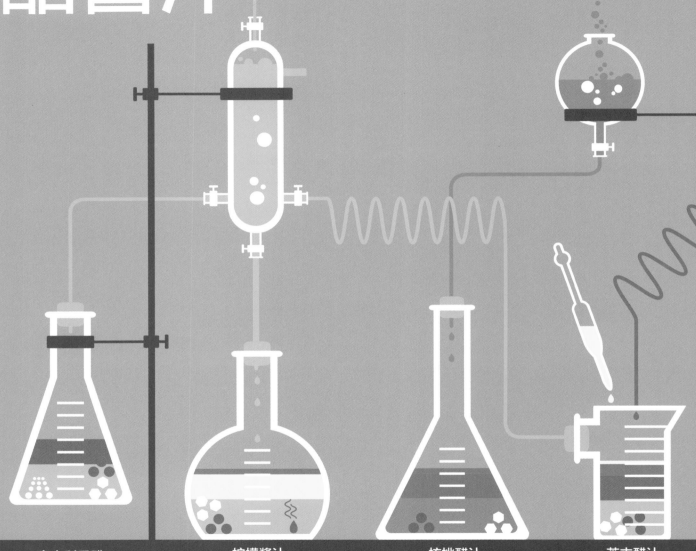

意大利香醋　　柠檬酱汁　　核桃醋汁　　芥末醋汁

 盐

 胡椒粉

 1块小红洋葱丁

 1/2瓣大蒜，捣碎

 1撮白砂糖

1 cm宽鲜姜段

 1格 = 1汤匙

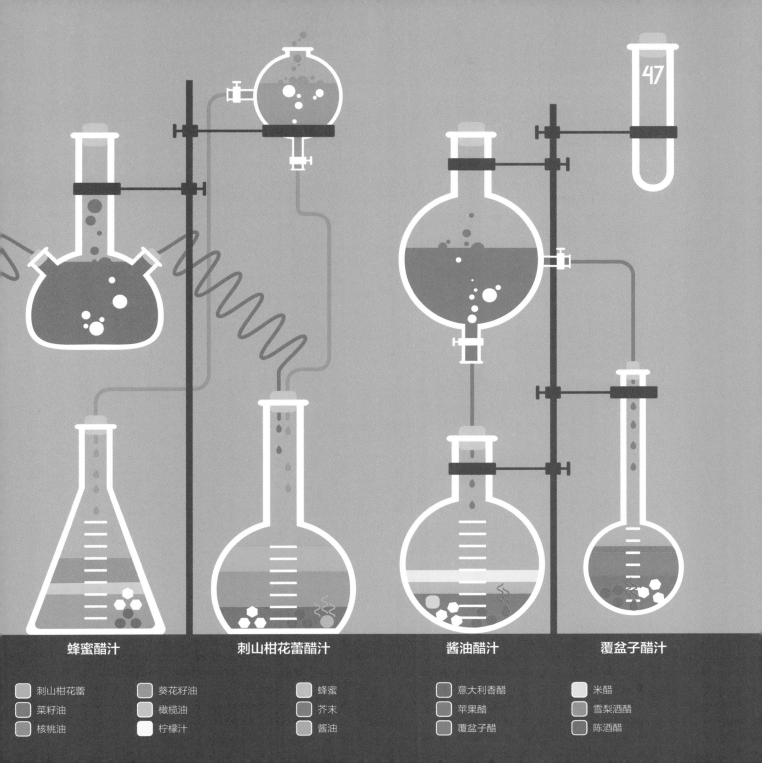

47

蜂蜜醋汁　　　　刺山柑花蕾醋汁　　　　酱油醋汁　　　　覆盆子醋汁

刺山柑花蕾　　葵花籽油　　　蜂蜜　　　意大利香醋　　米醋
菜籽油　　　　橄榄油　　　　芥末　　　苹果醋　　　　雪梨酒醋
核桃油　　　　柠檬汁　　　　酱油　　　覆盆子醋　　　陈酒醋

派的制作方法

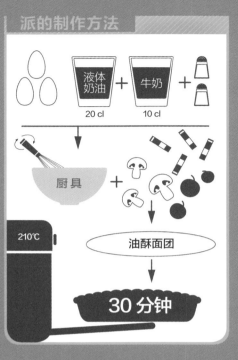

液体奶油 20 cl + 牛奶 10 cl

厨具

210℃ 油酥面团

30 分钟

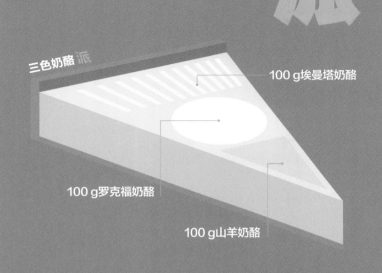

三色奶酪 派

100 g埃曼塔奶酪

100 g罗克福奶酪

100 g山羊奶酪

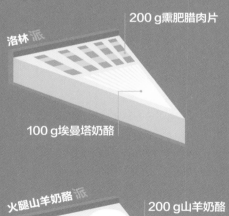

洛林 派

200 g熏肥腊肉片

100 g埃曼塔奶酪

香菇 派

100 g埃曼塔奶酪

400 g 香菇

1/4把香芹

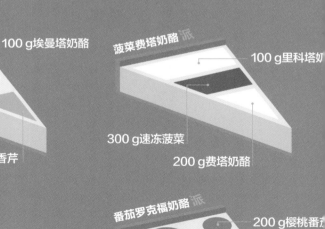

菠菜费塔奶酪 派

100 g里科塔奶酪

300 g速冻菠菜

200 g费塔奶酪

火腿山羊奶酪 派

200 g山羊奶酪

4片干火腿

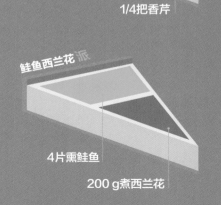

鲑鱼西兰花 派

4片熏鲑鱼

200 g煮西兰花

番茄罗克福奶酪 派

200 g樱桃番茄

150 g罗克福奶酪

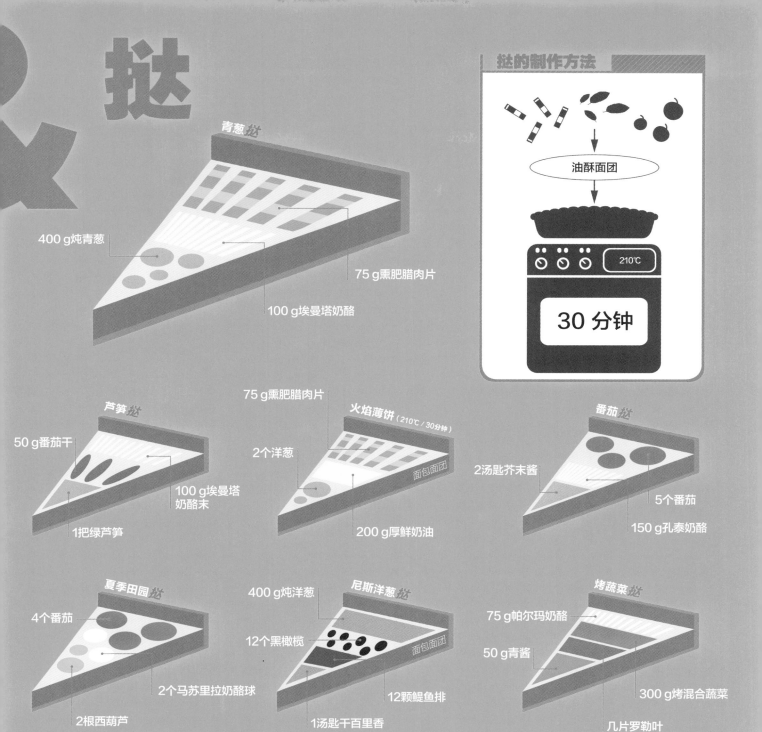

挞

青葱挞
400 g 炖青葱
75 g 熏肥腊肉片
100 g 埃曼塔奶酪

挞的制作方法

油酥面团

210℃

30 分钟

芦笋挞
50 g 番茄干
100 g 埃曼塔奶酪末
1把绿芦笋

火焰薄饼（210℃ / 30分钟）
75 g 熏肥腊肉片
2个洋葱
面包面团
200 g 厚鲜奶油

番茄挞
2汤匙芥末酱
5个番茄
150 g 孔泰奶酪

夏季田园挞
4个番茄
2个马苏里拉奶酪球
2根西葫芦

尼斯洋葱挞
400 g 炖洋葱
12个黑橄榄
面包面团
12颗鳀鱼排
1汤匙干百里香

烤蔬菜挞
75 g 帕尔玛奶酪
50 g 青酱
300 g 烤混合蔬菜
几片罗勒叶

披萨

玛格丽特披萨
- 番茄酱汁
- 马苏里拉奶酪

那不勒斯披萨
- 番茄酱汁
- 马苏里拉奶酪
- 鳀鱼
- 牛至
- 黑橄榄

四季披萨
- 番茄酱汁
- 蘑菇
- 马苏里拉奶酪
- 朝鲜蓟
- 火腿
- 黑橄榄

芝麻菜披萨
- 番茄酱汁
- 马苏里拉奶酪
- 帕尔玛火腿
- 芝麻菜

四色奶酪披萨
- 番茄酱汁
- 马苏里拉奶酪
- 埃曼塔奶酪
- 戈贡佐拉奶酪
- 山羊奶酪

田园披萨
- 番茄酱汁
- 马苏里拉奶酪
- 菜椒
- 西兰花
- 洋葱
- 黑橄榄

鲑鱼披萨
- 鲜奶油
- 熏鲑鱼
- 马苏里拉奶酪
- 洋葱
- 莳萝

乡村披萨
- 鲜奶油
- 鸡肉
- 马苏里拉奶酪
- 洋葱

森林披萨
- 鲜奶油
- 肥腊肉片
- 蘑菇
- 马苏里拉奶酪
- 洋葱

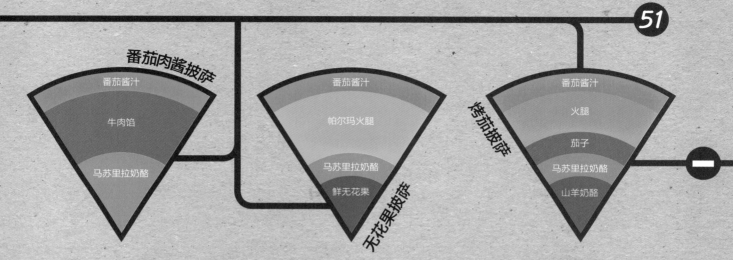

番茄肉酱披萨
番茄酱汁
牛肉馅
马苏里拉奶酪

帕尔玛火腿
番茄酱汁
马苏里拉奶酪
鲜无花果
无花果披萨

烤茄披萨
番茄酱汁
火腿
茄子
马苏里拉奶酪
山羊奶酪

51

制作方法

210℃

15~20 分钟

美味蛋糕

美味"夹心层"
百变蛋糕
从这里开始

从这里开始

从这里开始

腊肉橄榄蛋糕

200g 熏腊肉 75g 去核绿橄榄 75g 去核黑橄榄

100g核桃仁 250g

香梨蓝纹奶酪蛋糕 2个梨 香菇与

150g奥弗涅蓝 **蘑菇蛋糕**

纹奶酪 1汤匙 1颗果仁大小的黄油和

金枪鱼蛋糕 普罗旺斯香草 1个小红洋葱一起煎

200g金枪鱼 200g熏鲑鱼

30g刺山柑花蕾 **熏鲑鱼蛋糕** 2根西葫芦

意大利蛋糕 1罐番茄浓酱 1/2把莳萝

150g 烤茄子 100g青酱 2个番茄

30g 松子仁 100g西红柿 **青酱蛋糕** 200g

100g 帕尔玛干酪屑 马苏里拉奶酪

1袋
酵母

175 g
面粉

美味火小米

180°C

50 分钟

格鲁耶尔奶酪
100 g

橄榄油
10 cl

牛奶
10 cl

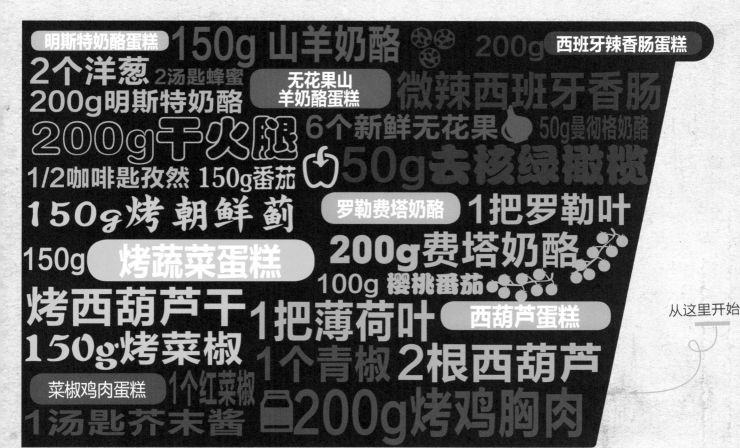

明斯特奶酪蛋糕 150g 山羊奶酪 200g 西班牙辣香肠蛋糕

2个洋葱 2汤匙蜂蜜 无花果山羊奶酪蛋糕 微辣西班牙香肠

200g明斯特奶酪

200g干火腿 6个新鲜无花果 50g曼彻格奶酪

1/2咖啡匙孜然 150g番茄 50g去核绿橄榄

150g烤朝鲜蓟 罗勒费塔奶酪 1把罗勒叶

150g 烤蔬菜蛋糕 200g费塔奶酪

100g 樱桃番茄

烤西葫芦干 1把薄荷叶 西葫芦蛋糕

150g烤菜椒 1个青椒 2根西葫芦

菜椒鸡肉蛋糕 1个红菜椒

1汤匙芥末酱 200g烤鸡胸肉

从这里开始

餐前开胃点心

鲑鱼卵豆泥烤黄瓜片

西班牙黄瓜丁
番茄冷汤

鳄梨孔泰奶酪串

黑芝麻番茄千层酥

虾仁戈贡佐拉奶酪
意式烤面包

樱桃番茄费塔奶酪串

香葱金枪鱼酱
圣莫雷奶酪®烤面包片

芦笋干火腿卷

响肠酱芥末千层酥

米摩勒特乳酪烤茄卷

罗克福奶酪苦苣卷

鳄梨酱番茄杯
配烤干酪辣味玉米片

橄榄鳀鱼卷

白火腿波尔斯因奶酪®
烤面包片

普罗旺斯橄榄酱
千层饼

鹅肝洋葱酱烤面包片

干香瓜鸭胸肉卷

鲜山羊奶酪甜菜杯
配榛子

辣根菜熏鲑鱼
薄煎饼

李子干熏肉卷

腌朝鲜蓟
西班牙辣香肠串

葡萄马苏里拉奶酪
库巴火腿串

帕普利卡红辣椒
甜薯片

腌朝鲜蓟
西班牙辣香肠串

海鲜大拼盘

蛾螺：
- 将蛾螺放入炖锅，冷水煮熟
- 盐
- 胡椒粉 + 百里香
- 从放入冷水到煮熟共需20分钟

牡蛎：
- 用牡蛎刀撬开壳
- 生食

龙虾：
- 将龙虾放入极咸的汤料中
- 450 g龙虾需煮12分钟；雄性大龙虾每125 g分为一段，需再煮90秒
- 雌性龙虾再多煮2分钟

滨螺：
- 将滨螺放入炖锅，热水加盐煮熟
- 百里香、肉桂、香芹等组合香料包
- 煮10分钟，热水重新沸腾后关火

毛蚶、淡菜和蛤蜊：
- 1颗果仁大小的黄油➕2个小红洋葱，入铁锅中火煮5分钟
- 加入壳类➕10 cl干白葡萄酒；大火煮4~5分钟，直至壳自行打开

明虾和褐虾：
- 将虾放入炖锅，加盐，开水煮熟
- 煮3分钟

螯虾：
- 将螯虾放入炖锅，加盐，开水煮熟
- 热水重新沸腾后，取出螯虾

海胆：
- 用刀撬开壳
- 生食

蛋黄酱和半个柠檬

美味鱼鲜

多种简单制作方法

烤箱

准备工作：

制作方法：2.5cm 厚鱼肉
烤10 分钟

铝箔烤制

准备工作：

制作方法：烤箱220℃

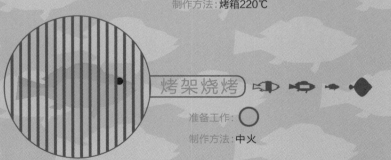

烤架烧烤

准备工作：

制作方法：中火

煎/炸

准备工作：

制作方法：

水煮

制作方法：

蒸

准备工作：

制作方法图例：

整鱼
切段
鱼脊
小鱼
比目鱼

油
黄油
调味汁
盐

均蘸面粉
均蘸鸡蛋和面包粉
浸入面糊
水（＋白葡萄酒）或鱼汤或牛奶
香料

浓香调味

咖喱汁
5汤匙花生油
1汤匙咖喱粉
15 cl椰汁
1个柠檬，榨汁
3棵香葱切丁
10根香菜
盐

姜汁
4汤匙芝麻籽油
5汤匙酱油
1瓣大蒜，捣碎
少许柠檬汁
1 cm姜段切末
1/2红辣椒去籽、切丁

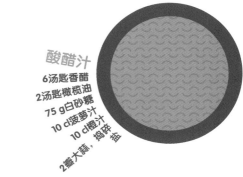

酸醋汁
6汤匙香醋
2汤匙橄榄油
75 g白砂糖
10 cl菠萝汁
10 cl橙汁
2瓣大蒜，捣碎
盐

白葡萄酒汁
1个小红洋葱切丁
5汤匙橄榄油
5汤匙干白葡萄酒
1撮香料
（百里香、迷迭香、香芹、牛至）
盐

青柠汁
3个青柠檬，榨汁
1/2个柠檬，榨汁
5汤匙橄榄油
1个小红洋葱切丁
2瓣大蒜，捣碎
盐

庖丁解肉

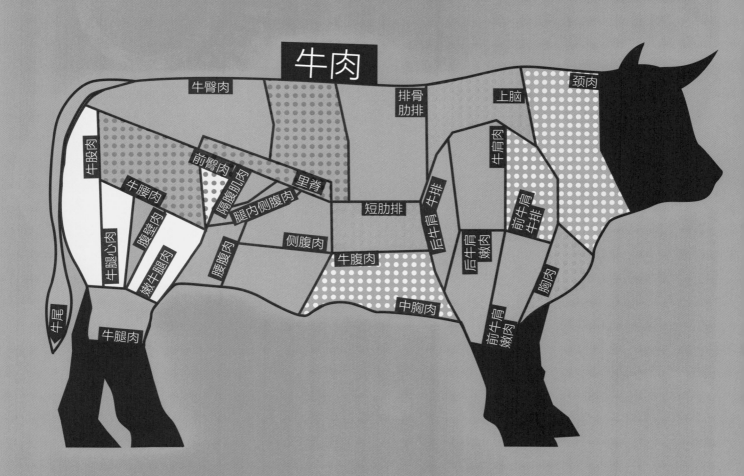

颈肉

上脑

牛肩肉

排骨
肋排

牛肉

牛臀肉

里脊

短肋排

牛肩 牛排

前牛肩
牛排

牛股肉

前臀肉

隔腹肌肉

腰内侧腹肉

后牛肩

后牛肩
嫩肉

胸肉

牛腰肉

侧腹肉

牛腹肉

牛腿心肉

腹壁肉

嫩牛腿肉

腰腹肉

中胸肉

前牛肩
嫩肉

牛尾

牛腿肉

牛肉篇 ①

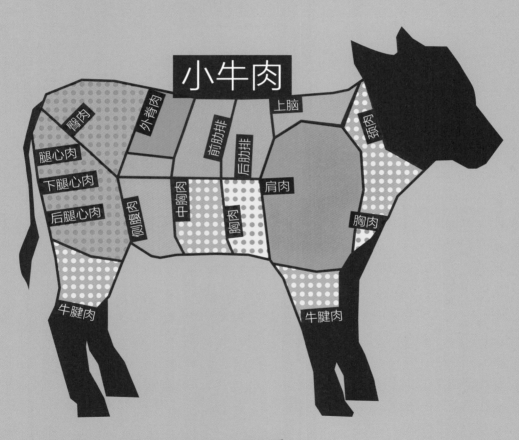

小牛肉

臀肉
腿心肉
下腿心肉
后腿心肉
牛腱肉
外脊肉
侧腹肉
中胸肉
胸肉
前肋排
后肋排
肩肉
上脑
颈肉
胸肉
牛腱肉

炖煮
沸煮
板烧
煎炸
烘烤
蒸、煨、汆

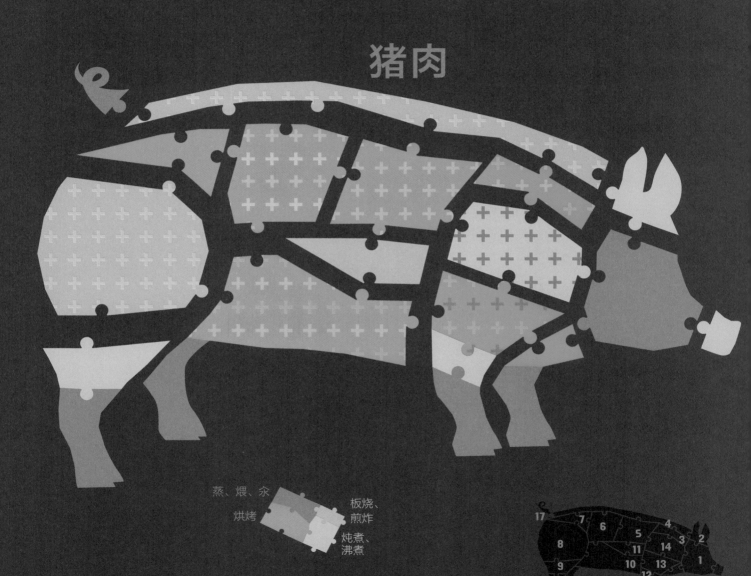

庖丁解肉

猪肉

蒸、煨、汆
烘烤
板烧、煎炸
炖煮、沸煮

1.猪头　2.猪耳　3.脊肉　4.猪腰　5.肋排块　6.里脊　7.臀尖　8.火腿　9.猪腱肉
10.胸肉　11.猪排骨　12.猪腱肉　13.肩肉　14.短肋排　15.猪脚　16.猪鼻　17.猪尾

猪肉和羊肉篇 ②

羔羊肉

1.颈肉 2.上脑 3.肋排 4.里脊肉和外脊肉 5.臀肉
6.肩肉 7.下肋排 8.胸肉 9.羊后腿 10.羊腿肉

如何烹制牛排？

你喜欢牛肉吗？

是 → 否

你是否无肉不欢？

你是素食主义者吗？

是 — 不清楚 — 否

你是否怀孕了？

否 — 是

美食家？

请咨询
心理医生

否 — 是

否 — 是 — 不清楚

否 — 是

不得不
吃吗？

去自己
煮个🥚

去吃生肉吧

牛肉塔塔

请自测一下

否 — 是

最适合你的鲜肉：

那你还在这里
干什么？

全熟的话，
还能接受

I ♥ IT.

偏爱粉红色

不偏不倚

喜欢就是
喜欢

全生：在热平底煎锅中明
火双面各煎30秒。
肉心血红，口感松嫩，
切开后汤汁流出。

带血：在热平底煎锅中明
火一面煎30秒，另一面煎
1分钟。
肉心血红，口感松嫩，
汤汁粉红。

适中：在热平底煎锅中
明火双面各煎1分30秒。
肉内呈粉红色，口感较
软，汤汁鲜红。

全熟：在热平底煎锅中
明火双面各煎2分钟。
肉内呈褐色，口感较
硬，汤汁呈褐色。

搭配何种酱汁？

各式各样的蛋黄酱

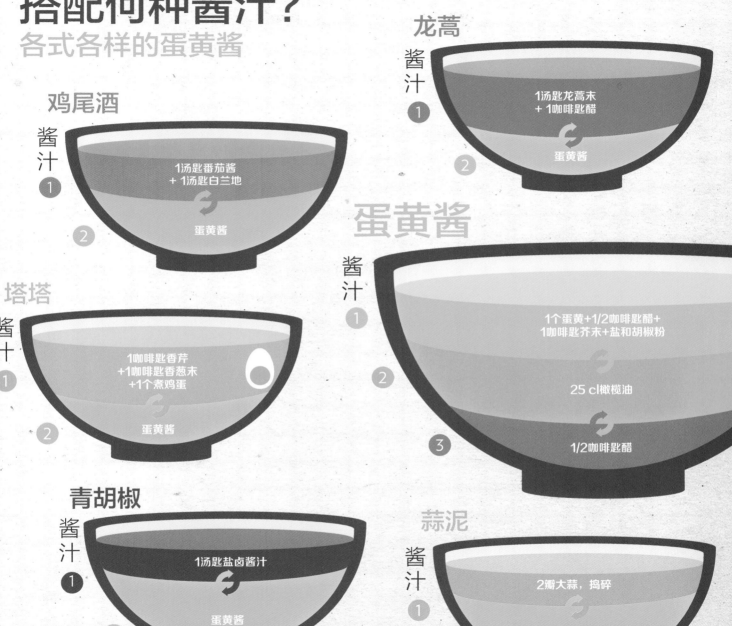

龙蒿

酱汁

1
1汤匙龙蒿末
+ 1咖啡匙醋

2
蛋黄酱

鸡尾酒

酱汁

1
1汤匙番茄酱
+ 1汤匙白兰地

2
蛋黄酱

蛋黄酱

酱汁

1
1个蛋黄+1/2咖啡匙醋+
1咖啡匙芥末+盐和胡椒粉

2
25 cl橄榄油

3
1/2咖啡匙醋

塔塔

酱汁

1
1咖啡匙香芹
+1咖啡匙香葱末
+1个煮鸡蛋

2
蛋黄酱

青胡椒

酱汁

1
1汤匙盐卤酱汁

2
蛋黄酱

蒜泥

酱汁

1
2瓣大蒜，捣碎

2
蛋黄酱

烤鸡

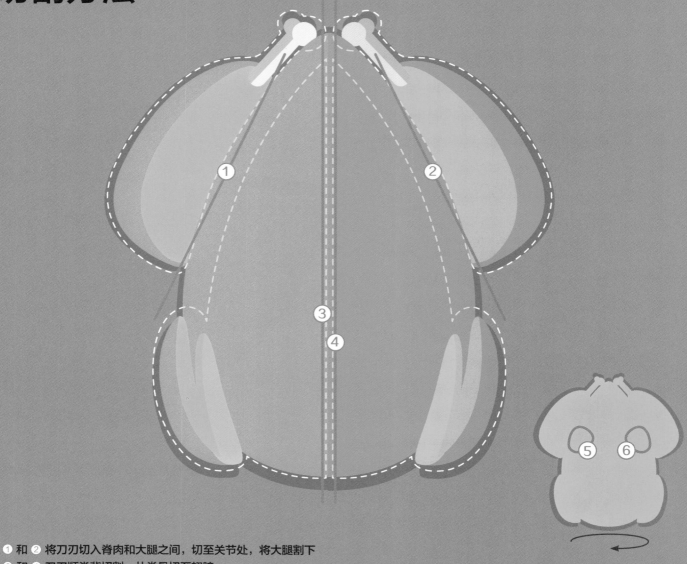

① 和 ② 将刀刃切入脊肉和大腿之间，切至关节处，将大腿割下
③ 和 ④ 刀刃顺脊背切割，从脊骨切至翅膀
⑤ 和 ⑥ 勺子挖去鸡背肉

配好料

67

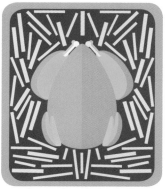

薯条

将1 kg土豆去皮、切条，
在150℃热油中分3次炸8分钟，
最后在190℃热油中炸3分钟。

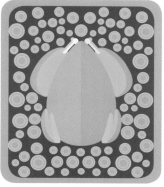

胡萝卜片

在炒锅中融化50 g黄油和1汤匙
白砂糖。将1 kg胡萝卜去皮、
切成圆片，加水令菜汤没过
烤鸡。温火炖20~25分钟。

小土豆

将24个小土豆洗净、不去皮，
放入砂锅。加2汤匙橄榄油和
3瓣蒜（不去蒜衣）。
温火炖40分钟。

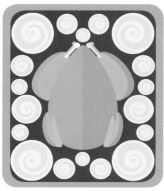

自制土豆泥

将1 kg土豆去皮、切成圆柱形，
在盐水中煮20分钟。
将土豆沥干、碾成泥，
拌入30 g黄油和20 cl牛奶。

田园蔬菜

将6个土豆、5根新鲜小胡萝卜
去皮、切丁，放入炒锅，
加入1颗果仁大小的黄油、
小白洋葱若干。加水令菜汤没过
烤鸡。煮10分钟。
放入400 g去豆荚的新鲜豌豆。
再煮10分钟。

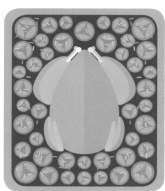

普罗旺斯番茄

将1 kg番茄切成两半，撒上蒜
末、普罗旺斯香草和粗盐。
淋少许橄榄油。放入烤箱210℃
烤20~25分钟。

缤纷烤串

火鸡肉烤串 — 牛至腌火鸡肉、小红洋葱、新鲜番茄、番茄干

牛肉烤串 — 沙朗牛排、红彩椒、青椒和黄彩椒

双鱼烤串 — 鲑鱼、鳕鱼、西葫芦、普罗旺斯香草

摩洛哥肉丸烤串 — 薄荷、羊肉丸、小红洋葱

猪肉烤串 — 照烧酱腌猪里脊、鲜花菇

鸭肉烤串 — 蜂蜜腌鸭胸肉、杏干、李子干

猪排烤串 — 烤肉酱腌猪排肉、青椒、洋葱

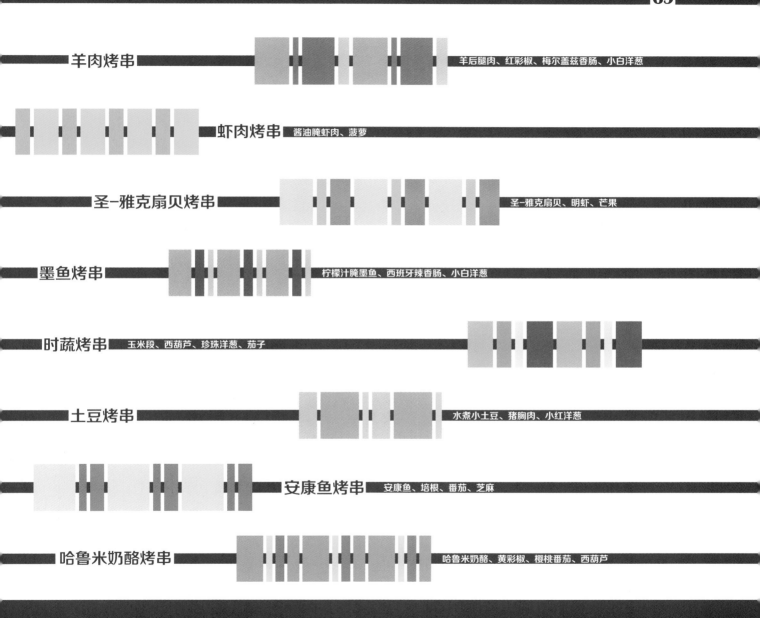

羊肉烤串　　　羊后腿肉、红彩椒、梅尔盖兹香肠、小白洋葱

虾肉烤串　酱油腌虾肉、菠萝

圣-雅克扇贝烤串　圣-雅克扇贝、明虾、芒果

墨鱼烤串　柠檬汁腌墨鱼、西班牙辣香肠、小白洋葱

时蔬烤串　玉米段、西葫芦、珍珠洋葱、茄子

土豆烤串　水煮小土豆、猪胸肉、小红洋葱

安康鱼烤串　安康鱼、培根、番茄、芝麻

哈鲁米奶酪烤串　哈鲁米奶酪、黄彩椒、樱桃番茄、西葫芦

塔塔

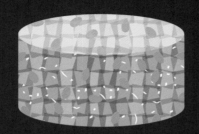

传统牛肉塔塔

125 g牛里脊
1个小红洋葱 并
1咖啡匙刺山柑花蕾
1/2咖啡匙芥末
少许伍斯特辣酱油
2滴塔巴斯哥辣酱®
1个生蛋黄
盐和胡椒粉

姜香鲑鱼塔塔

125 g鲑鱼
1根香葱
1/4咖啡匙鲜姜末
1小把莳萝
1/4汤匙酱油
少许柠檬汁
2滴辣椒油

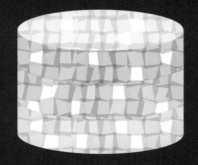
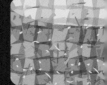

青蔬塔塔

1/4根黄瓜 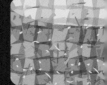并 并
1/4个青椒 并 并
1个猕猴桃 并 并
50 g费塔奶酪
少许柠檬汁
盐

 刀切成丁
 细切成末
 去皮或去壳
 去核

甜咸虾肉塔塔

125 g熟虾
1/2个鲜洋葱
1/2个芒果
1/2个鳄梨
10片香菜叶
1/2个青柠，榨汁
少许塔巴斯哥辣酱®

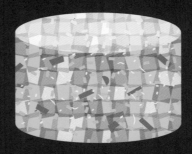

马苏里拉奶酪烤蔬菜塔塔

4块烤青椒条
4个番茄干
2个烤朝鲜蓟
80 g马苏里拉奶酪
10片罗勒叶
少许橄榄油
少许意大利香醋奶油
盐

鳄梨金枪鱼塔塔

1咖啡匙芝麻籽
125 g金枪鱼
1根香葱
2根细香葱
少许柠檬汁
1咖啡匙酱油
1/2个鳄梨

三色圣-雅克扇贝塔塔

几片芝麻菜叶
2汤匙鲑鱼籽
80 g圣-雅克扇贝肉
1咖啡匙橄榄油
1/4咖啡匙粉红胡椒
盐

泰式塔塔

125 g牛里脊
1个小红洋葱
5片薄荷叶和10片香菜叶
1/2根香葱
1/4个红彩椒
1咖啡匙鱼酱
1咖啡匙白砂糖
1咖啡匙青柠汁

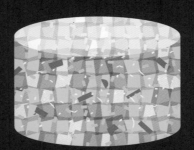

鹅肝酱鸭肉塔塔

100 g鸭胸肉
20 g鹅肝酱
1/2个小红洋葱
3根细香葱
1/2根酸黄瓜
盐和胡椒粉

肉丸馅料与蔬菜馅料包馅

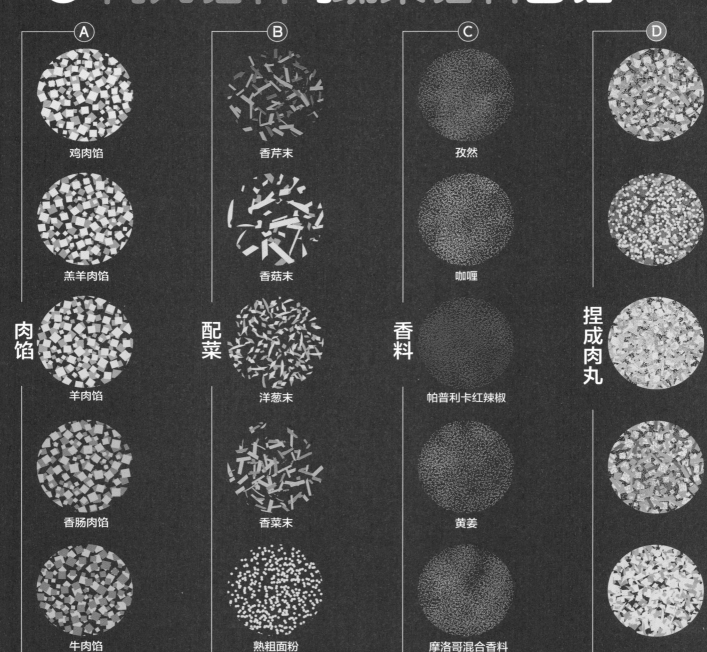

A 肉馅
- 鸡肉馅
- 羔羊肉馅
- 羊肉馅
- 香肠肉馅
- 牛肉馅

B 配菜
- 香芹末
- 香菇末
- 洋葱末
- 香菜末
- 熟粗面粉

C 香料
- 孜然
- 咖喱
- 帕普利卡红辣椒
- 黄姜
- 摩洛哥混合香料

D 捏成肉丸

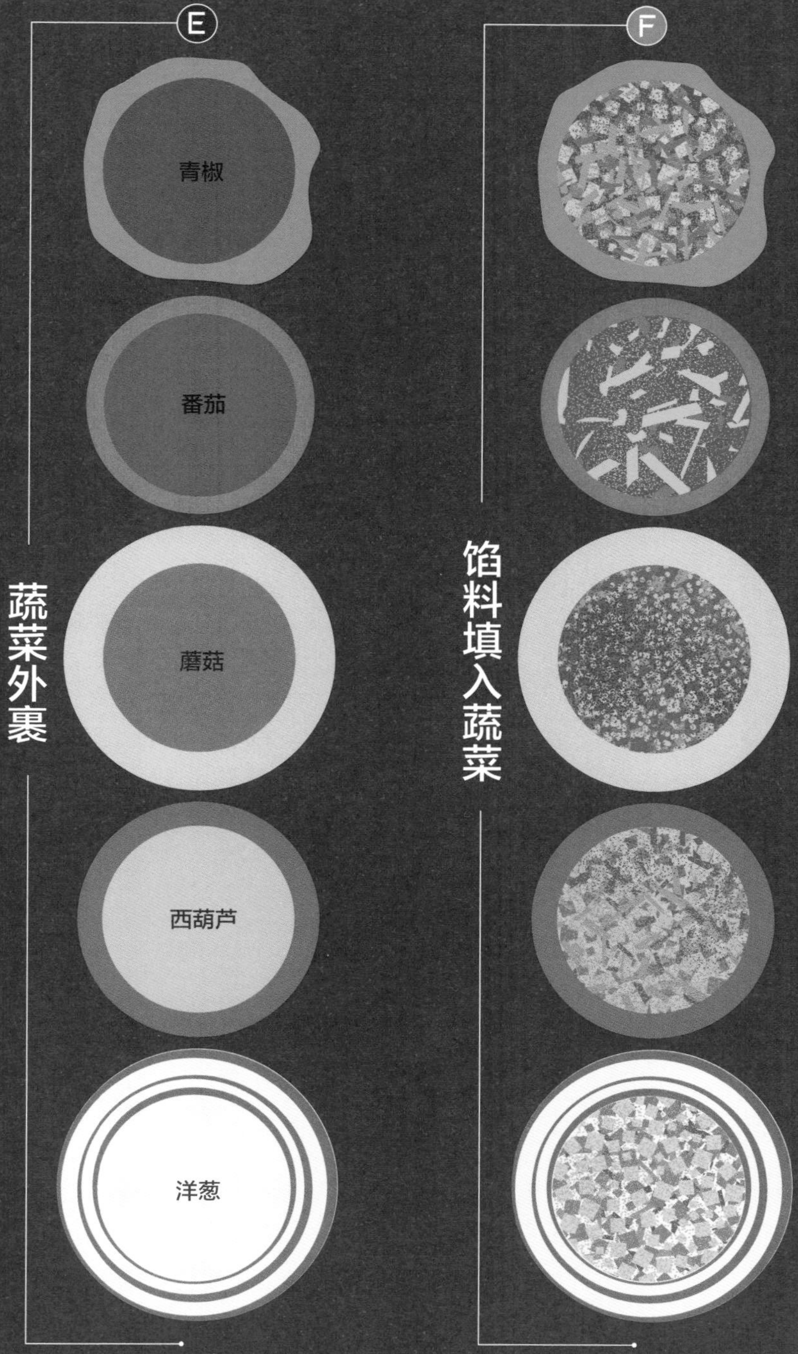

E

青椒

番茄

蘑菇

西葫芦

洋葱

蔬菜外裹

F

馅料填入蔬菜

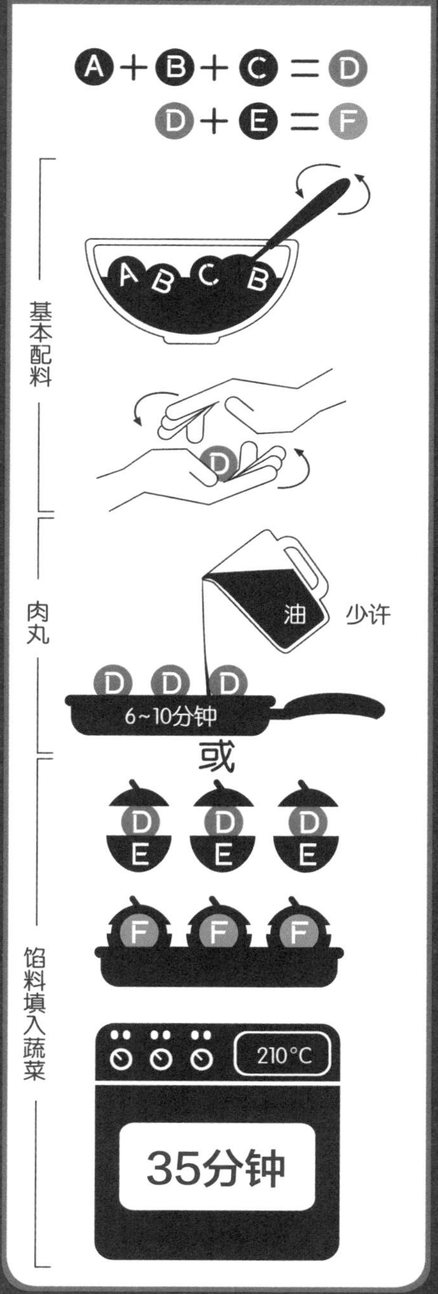

A + B + C = D

D + E = F

基本配料

A B C B

D

肉丸

油 少许

D D D
6~10分钟

或

D D D
E E E

F F F

馅料填入蔬菜

210℃

35分钟

切菜刀法

碎末
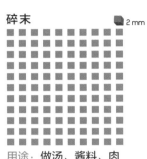 2 mm

用途：做汤、酱料、肉馅、布丁的填料

什锦蔬菜丁
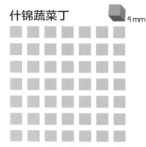 4 mm

用途：什锦蔬菜、配菜

小丁
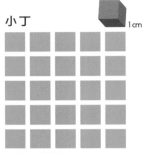 1 cm

用途：煎炒

方块
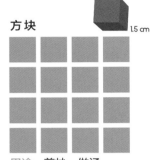 1.5 cm

用途：煎炒、做汤

细丝
 1 mm

用途：蔬菜沙拉（胡萝卜和西芹等配蛋黄酱）

长条
5 cm
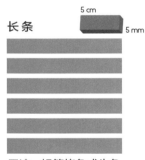 5 mm

用途：铝箔烤鱼或生鱼的配菜

三角薄片
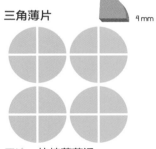 4 mm

用途：快炖蔬菜汤

滚料块
 1 cm

用途：汤底、鸡肉配菜

圆片
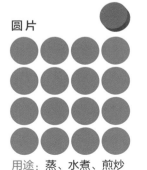

用途：蒸、水煮、煎炒

橄榄片
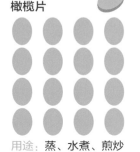

用途：蒸、水煮、煎炒

薄片
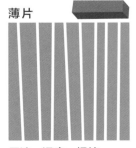

用途：汤底、慢炖

馅料

用途：水煮、慢炖

土豆全解图

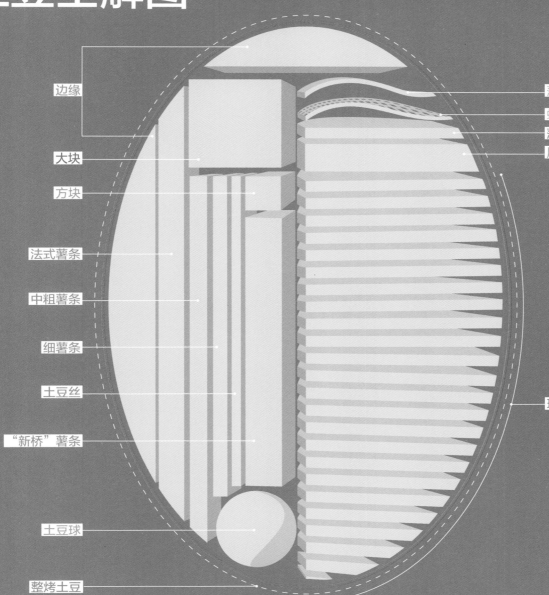

边缘

大块

方块

法式薯条

中粗薯条

细薯条

土豆丝

"新桥"薯条

土豆球

整烤土豆

薄薯片

蜂窝薯片

薄圆片

厚圆片

瑞典烤土豆

制作方法:

薯片

烤

煎炒

水煮

薯条

烤炙

一 浓汤

南瓜浓汤
- 800 g南瓜
- 1个洋葱
- 1 l南瓜原汤

30分钟

- 100 g鲜奶酪
- 1撮帕普利卡红辣椒
- 盐和胡椒粉

胡萝卜浓汤
- 5根胡萝卜
- 1个洋葱
- 1 l胡萝卜汤

30分钟

- 20 cl椰汁
- 1/2把香菜
- 盐和胡椒粉

西班牙番茄冷汤
- 6个番茄
- 1根黄瓜
- 1个红彩椒
- 1个青椒
- 1个大洋葱
- 2个柠檬，榨汁
- 2瓣蒜
- 5汤匙橄榄油
- 2汤匙雪利酒醋
- 水
- 盐和胡椒粉

2小时

甜菜奶油汤
- 500 g甜菜
- 75 cl甜菜原汤

15分钟

- 2个番茄
- 2汤匙柠檬汁
- 100 g费塔奶酪
- 盐和胡椒粉

5分钟

紫甘蓝汤
- 1个紫甘蓝
- 30 g黄油
- 1个洋葱
- 100 g猪膘
- 2个苹果
- 1 l紫甘蓝原汤

45分钟

- 10 cl液体奶油
- 盐和胡椒粉

花菜浓汤

- 1个花菜
- 1段葱白
- 1个洋葱
- 60 cl蔬菜原汤

 20 分钟

- 2小块奶酪,融化
- 盐和胡椒粉

洋葱汤

- 5个洋葱
- 50 g黄油

20 分钟　　30 分钟

- 15 cl白葡萄酒
- 75 cl蔬菜原汤

1 小时

- 少许醋
- 盐和胡椒粉
- 4片面包
- 100 g格鲁耶尔碎奶酪

5 分钟

维希奶油冷汤

- 3段葱白
- 1个洋葱
- 30 g黄油

5 分钟

- 500 g土豆
- 1 l蔬菜原汤

30 分钟

- 10 cl牛奶
- 100 g鲜奶油
- 1撮肉豆蔻
- 盐和胡椒粉

豌豆浓汤

- 1个洋葱
- 500 g豌豆,碾碎
- 50 cl鸡汤

15 分钟

- 1/4把薄荷
- 15 cl液体奶酪
- 1汤匙橄榄油
- 盐和胡椒粉

萝卜叶汤

- 2把萝卜叶
- 2根西葫芦
- 1 l萝卜原汤

15 分钟

- 盐和胡椒粉
- 2汤匙鲜奶酪

 用微滚的水煮

 混合搅拌

 烤架上烧烤着色

温火煮

中火煮

 冷藏保鲜

寿司卷与寿司

寿司卷

细卷

河童卷

里卷

太卷

军舰卷

指握寿司

手卷

佐餐配料

芥末　　　腌鲜姜　　　酱油

吃寿司应按照什么顺序？

1	2	3	4	5
白色鱼肉	银色鱼肉	红色鱼肉	橙色鱼肉或鱼籽	富脂鱼肉

制作方法

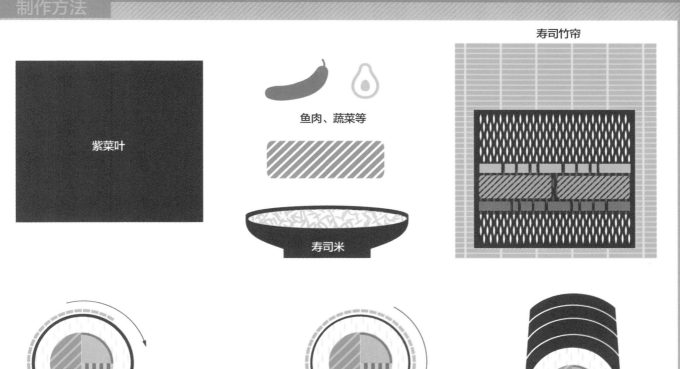

紫菜叶

鱼肉、蔬菜等

寿司竹帘

寿司米

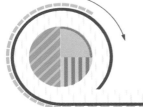

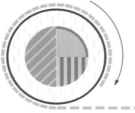

鸡蛋

破译鸡蛋密码

识别养殖场和厂家

原产地

养殖方式代码
0=绿色养殖
1=露天养殖
2=散养养殖
3=笼内养殖

OFRDEB01
DCR 03/16

最佳食用期限

挑选尺寸

小：43~53 9　　中：53~63 9　　大：63~73 9　　超大：+ 73 9

判断新鲜程度

1 根据产蛋日期判断：
极新鲜：产蛋后9天内
新鲜：产蛋后28天内

2 放入盐水中判断

1~3 天　　　　4~6 天　　　　7~9 天

如果蛋完全漂浮起来

烹制鸡蛋

生鸡蛋
蛋黄：蛋黄酱、荷兰酱、莎巴翁酱、英式奶油霜
蛋清：蛋白霜、巧克力慕斯、猫舌饼干、刚果椰子球

烹制：荷包蛋
新鲜度：极新鲜
做法：鸡蛋放入微滚的水中，煮
3分钟，水中放少许白醋

烹制：小盅蛋
新鲜度：极新鲜
做法：鸡蛋放入隔水炖锅，180℃
煮3~4分钟

烹制：蛋杯
新鲜度：极新鲜
做法：鸡蛋放入滚水中
3~4分钟，直至变为常温

烹制：煎鸡蛋
新鲜度：极新鲜
做法：煎锅中放油加热至高温，
放入鸡蛋，明火煎4分钟

烹制：黄油炒蛋
新鲜度：不超过21天
做法：鸡蛋与1颗果仁大小的黄油
混合打匀，放入隔水炖锅，小火
加热10分钟，不断翻炒

烹制：摊鸡蛋
新鲜度：不超过21天
做法：鸡蛋打匀，煎锅中放油加
热，摊入鸡蛋，明火加热
4~5分钟

烹制：煮软蛋
新鲜度：极新鲜
做法：鸡蛋放入滚水中4~5分钟，
直至变为常温

烹制：煮硬蛋
新鲜度：不超过21天
做法：鸡蛋放入冷水中煮
8~10分钟

新鲜度在21~28天的鸡蛋可用来烹制
蛋糕、馅饼、蛋挞等。

三角酥

奶酪香料三角酥

- ▶ 200 g 新鲜方奶酪
- ▶ 50 g格鲁耶尔碎奶酪
- ▶ 1撮新鲜香料，混合捣碎

金枪鱼三角酥

- ▶ 180 g金枪鱼碎末
- ▶ 2汤匙香芹，捣碎
- ▶ 3个土豆，水煮
- ▶ 1/4咖啡匙帕普利卡红辣椒

彩椒羊奶酪三角酥

- ▶ 200 g烤彩椒，切成细条
- ▶ 150 g羊奶酪条

菠菜里科塔奶酪三角酥

- ▶ 300 g熟菠菜
- ▶ 200 g里科塔奶酪
- ▶ 2汤匙松子

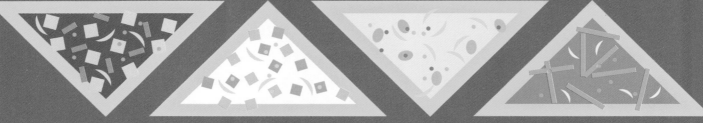

摩洛哥羊肉三角酥

- ▶ 200 g羊肉馅
- ▶ 1个洋葱，切薄片
- ▶ 1个土豆，水煮、切丁
- ▶ 1咖啡匙摩洛哥混合香料
- ▶ 1汤匙橄榄油
- ▶ 1撮香菜末

姜黄蔬菜三角酥

- ▶ 150 g胡萝卜丁
- ▶ 150 g西葫芦丁
- ▶ 1个洋葱，切薄片
- ▶ 1汤匙橄榄油
- ▶ 2咖啡匙姜黄

咖喱鸡三角酥

- ▶ 300 g鸡肉馅
- ▶ 1个洋葱，切薄片
- ▶ 1汤匙咖喱粉
- ▶ 1撮辣椒粉
- ▶ 1汤匙橄榄油
- ▶ 40 g葡萄干

辣牛肉三角酥

- ▶ 200 g牛肉馅
- ▶ 1/2个青椒，切条
- ▶ 1瓣蒜，捣碎
- ▶ 1个洋葱，切薄片
- ▶ 2汤匙番茄酱
- ▶ 1汤匙咖喱粉

制作方法

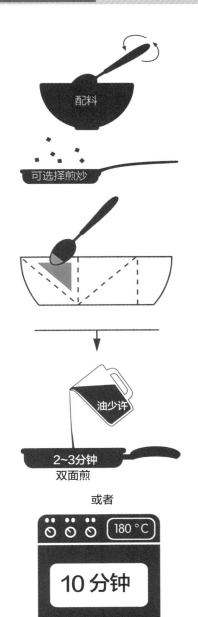

配料

可选择煎炒

油少许

2~3分钟
双面煎

或者

180 °C

10 分钟

如何包三角酥？

法式薄饼与咸味煎饼

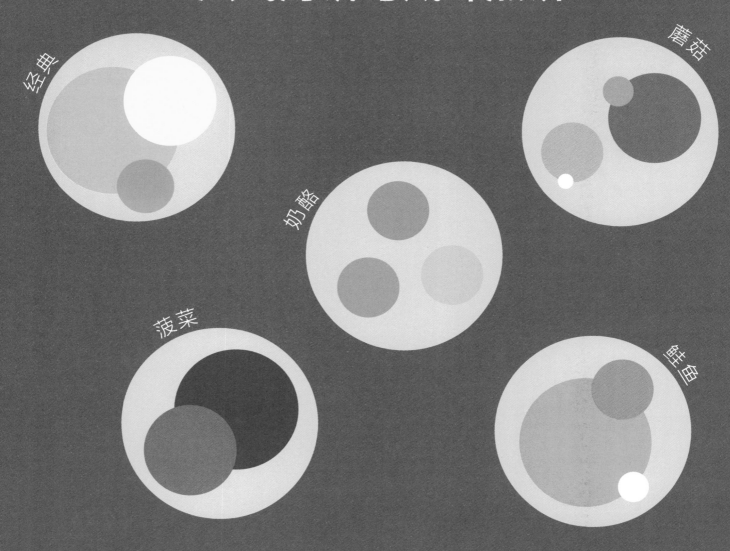

经典 蘑菇 奶酪 菠菜 鲜鱼

1片白火腿 / 30 g格鲁耶尔碎奶酪 / 1个鸡蛋　　2汤匙煎蘑菇 / 30 g炸肥猪肉丁 / 1汤匙醋渍洋葱 / 1咖啡匙鲜奶油

20 g罗克福碎奶酪 / 2片山羊奶酪圆片 / 20 g埃曼塔碎奶酪　　40 g炒菠菜 / 30 g炸肥猪肉丁　　2汤匙炖葱泥 / 1片熏鲑鱼 / 1汤匙鲜奶油

制作方法

咸味煎饼

盐 10 g

荞麦面粉 325 g

水 75 cl

+

静置冷却：4小时

黄油

一面煎2~3分钟
另一面煎1分钟

静置冷却：1小时

牛奶 75 cl

300 g

小麦面粉

+

法式薄饼

+

葵花籽油 4.5 cl

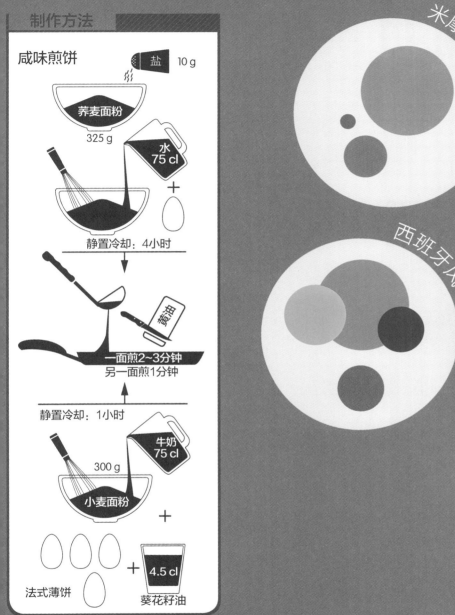

米摩勒特奶酪

海鲜

西班牙风味

辣熏肠

40 g米摩勒特碎奶酪 / 4个番茄圆片 / 1/4咖啡匙孜然 4只熟鲜虾 / 6个煎扇贝肉 / 1汤匙醋渍洋葱 / 1咖啡匙鲜奶油 1个煮鸡蛋 / 4条烤青椒 /
20 g曼彻格奶酪 / 4片西班牙辣香肠 4~5片盖梅纳辣熏肠 / 1汤匙煎蘑菇 / 1咖啡匙芥末

意面元素周期表

| | 长形 | | | 缎带形 | | 管形 | | 弯管形 |

1 天使面								
3 极细面	4 实心面		5 琴弦面	6 宽面	7 沟纹斜管面			8 无纹弯管面
13 特细面	14 中粗实心面	15 长管面	16 扁面	17 大宽面	18 无纹斜管面			19 沟纹弯管面
27 中细面	28 中细实心面	29 粗长管面	30 宽扁面	31 波纹面	32 直管面	33 沟纹面	34 小管面	
43 细实心面	44 特粗面	45 长螺旋面	46 极宽扁面	47 波浪面	48 短面	49 卷面	50 沟纹蜗牛壳面	

■ 搭配清淡、简单的稀酱汁
■ 搭配味道丰富、浓郁的酱汁，伴有菜丁，或以奶油为底料
■ 搭配味道丰富的炖制浓酱汁，伴有菜丁
■ 搭配炖制浓或稀酱汁；做汤
■ 搭配炖制浓酱汁，伴有菜丁；做沙拉

■ 搭配浓或稀酱汁，伴有菜丁
■ 肉汁或蔬菜原汤焗面
■ 焗面
■ 搭配浓汤
■ 搭配肉汁或蔬菜原汤

螺旋形	花式	填馅	面皮	汤面

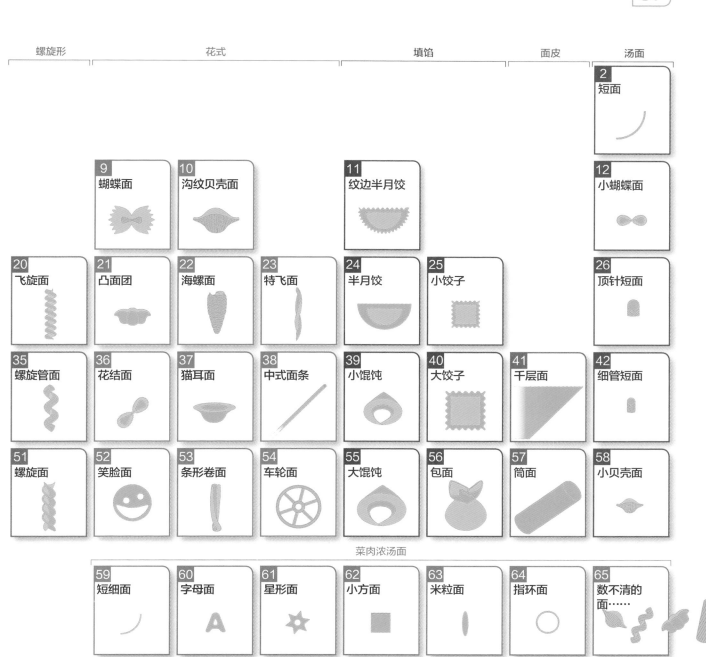

2 短面

9 蝴蝶面
10 沟纹贝壳面
11 纹边半月饺
12 小蝴蝶面

20 飞旋面
21 凸面团
22 海螺面
23 特飞面
24 半月饺
25 小饺子
26 顶针短面

35 螺旋管面
36 花结面
37 猫耳面
38 中式面条
39 小馄饨
40 大饺子
41 千层面
42 细管短面

51 螺旋面
52 笑脸面
53 条形卷面
54 车轮面
55 大馄饨
56 包面
57 筒面
58 小贝壳面

菜肉浓汤面

59 短细面
60 字母面
61 星形面
62 小方面
63 米粒面
64 指环面
65 数不清的面……

意式烩饭

蘑菇辣香肠烩饭

- 2 350 g蘑菇，切薄片
- 3 150 g西班牙辣香肠，
  切圆片，煎熟

南瓜榛子烩饭

- 2 400 g南瓜瓤，切块
- 2 1/2咖啡匙孜然
- 2 1撮肉豆蔻粉
- 3 50 g榛子

鸡肉蔬菜烩饭

- 1 300 g鸡丁
- 2 100 g胡萝卜丁
- 3 100 g去荚鲜豌豆

西红柿芝麻菜烩饭

- 2 10 cl干白葡萄酒
- 3 300 g樱桃番茄，切半
- 3 少许芝麻菜
- 3 100 g马苏里拉奶酪丁

鲜虾凯郡烩饭

- 2 10 cl干白葡萄酒
- 2 1咖啡匙凯郡香料
- 3 400 g鲜虾，去壳煮熟

墨鱼汁烩饭

- 2 10 cl干白葡萄酒
- 2 2包墨鱼汁
- 3 300 g熟鱿鱼圈

芦笋火腿烩饭

① 1把芦笋，切段
③ 帕尔玛火腿薄片

茴香戈贡佐拉奶酪烩饭

② 1小把茴香籽
③ 250 g戈贡佐拉奶酪丁
③ 100 g嫩菠菜

香葱扇贝烩饭

① 3段葱白
③ 250 g扇贝肉，煎熟

制作方法

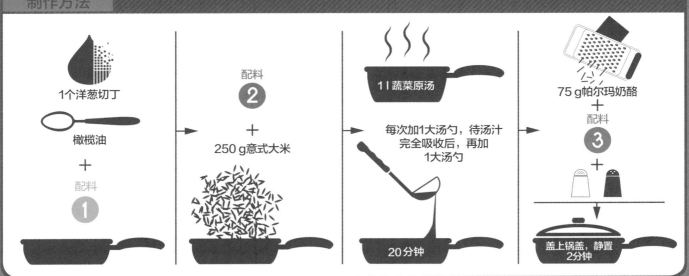

1个洋葱切丁

橄榄油

+

配料 ①

配料 ②

+

250 g意式大米

---

1 l蔬菜原汤

每次加1大汤勺，待汤汁
完全吸收后，再加
1大汤勺

20分钟

---

75 g帕尔玛奶酪

+

配料 ③

+

盖上锅盖，静置
2分钟

奶酪拼盘

水洗软质奶酪
（明斯特奶酪、马鲁瓦耶奶酪、
庞利维奶酪等）

蓝纹奶酪
（奥弗涅蓝纹奶酪、罗克福奶酪、
昂贝尔圆柱形奶酪等）

山羊奶酪
（皮科栋奶酪、夏维诺
辣味山羊奶酪、Selle
sur-Cher等）

花皮软质奶酪
（布里亚-萨瓦兰奶酪、布里
奶酪、库隆米埃奶酪等）

鲜奶奶酪
（沥干奶酪、羊
干酪、里科塔奶

展示顺序
从味道最轻到
味道最重

压缩生奶酪
（圣-内克泰尔奶酪、冈塔尔
奶酪、莫尔碧叶奶酪等）

准备
上桌前1小时

压缩熟奶酪
（孔泰奶酪、阿邦当斯
奶酪、埃曼塔奶酪等）

配料：

松子、杏仁、榛子、核桃仁……　　　干果：无花果干、葡萄干、杏干……

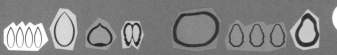

鲜果：葡萄、樱桃、杏、苹果、无花果……

果酱、印度酸辣酱、木瓜　　调味料：　　　　　新鲜香料装饰
酱、蜂蜜……　　　　　　　芥末、孜然……

面包：
无花果面包、核桃仁面包、乡村面包、
五谷面包……

1瓶红葡萄饮料：
甚至2瓶；1瓶浓烈、1瓶清醇，
何不再来1瓶干白葡萄酒？

各式各样的奶酪拼盘

地方风味迷你奶酪拼盘

科西嘉奶酪拼盘
多姆羊奶酪、
布罗丘羊奶酪、
卡赞卡奶酪

萨沃伊奶酪拼盘
博福特奶酪、
阿哈维蓝纹奶酪、
科隆比耶奶酪

奥弗涅奶酪拼盘
康塔尔奶酪、
奥弗涅蓝纹奶酪、
弗姆奶酪

北方奶酪拼盘
马鲁瓦耶奶酪、
米摩勒特乳酪、
白象峡奶酪尼

混搭奶酪拼盘

山羊奶酪拼盘
巴农奶酪、卡贝库奶酪、圣-莫尔-德图兰奶酪

压缩生奶酪拼盘
贝特马尔奶酪、波特-萨鲁特奶酪、米摩勒特乳酪

花皮软质奶酪拼盘
东部方酪、夏乌尔斯奶酪、卡芒贝尔奶酪

一枝独秀奶酪拼盘

明斯特奶酪

蒙道尔奶酪

布里奶酪

冰淇淋杯

列日巧克力

- 2球巧克力冰淇淋
- 巧克力酱
- 尚蒂伊鲜奶油
- 巧克力细丝
- 1个蛋卷

加勒比冰淇淋杯

- 1球西番莲冰淇淋
- 1球青柠雪葩
- 1球椰蓉冰淇淋
- 1球焦糖菠萝冰淇淋
- 1汤匙龙涎香朗姆酒

海伦梨

- 2球香草冰淇淋
- 2瓣糖浆炖梨
- 巧克力酱
- 尚蒂伊鲜奶油

制作方法

勃朗峰

- 1汤匙栗子奶油
- 2球咖啡或香草冰淇淋
- 尚蒂伊鲜奶油
- 冻栗子末

白色丽人

- 2球香草冰淇淋
- 融化黑巧克力
- 尚蒂伊鲜奶油
- 巧克力末

午夜巧克力

- 2球薄荷巧克力冰淇淋
- 2汤匙薄荷汁
- 融化黑巧克力
- 尚蒂伊鲜奶油

阿玛蕾娜
樱桃冰淇淋

- 2球香草冰淇淋
- 6颗糖浆炖阿玛蕾娜樱桃
- 1汤匙樱桃利口酒
- 尚蒂伊鲜奶油

香蕉船

- 1根香蕉
- 1球香草冰淇淋
- 1球巧克力冰淇淋
- 1球草莓冰淇淋
- 尚蒂伊鲜奶油
- 巧克力酱

蜜桃梅尔芭

- 2瓣糖浆炖桃子
- 2球香草冰淇淋
- 2汤匙覆盆子果冻
- 尚蒂伊鲜奶油
- 1咖啡匙杏仁末

彩虹冰棒

覆盆子冰棒

- 4块小瑞士奶酪
- 500 g覆盆子，碾碎
- 4汤匙蔗糖浆

香蕉巧克力冰棒

- 2根香蕉，碾成泥
- 35 cl英式奶油
- 2汤匙巧克力末

薄荷冰棒

- 50 cl水
- 3~4汤匙薄荷糖浆
- 几滴绿色食用色素

石榴冰棒

- 50 cl牛奶
- 3~4汤匙石榴糖浆
- 几滴红色食用色素

桑葚冰棒

- 250 g桑葚，碾碎
- 30 cl杏仁牛奶
- 2汤匙枫树糖浆

香橙冰棒

- 2小盒纯酸奶
- 30 cl橙汁
- 几滴橙色食用色素

菠萝冰棒

- 40 cl椰汁
- 250 g菠萝，碾碎
- 2汤匙龙舌兰糖浆

巧克力冰棒

- 25 cl热牛奶
- 150 g 能多益® 巧克力酱
- 1个鸡蛋

制作方法

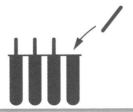

6小时

冷藏

松糕杯

6人份

红色水果松糕杯

75 cl英式奶油 + 50 cl惯奶油

300 g混合红色水果

150 g冻红色水果丁

150 g海绵蛋糕，切碎

香梨焦糖饼干
松糕杯

200 g马斯卡普尼奶酪+
200 g白奶酪+50 g冰糖

100 g萨里都咸焦糖

6个糖浆炖梨，切丁

180 g焦糖饼干，淋糖浆

2汤匙巧克力末

50 cl尚蒂伊鲜奶油

300 g糖浆炖樱桃，沥干

200 g巧克力布朗宁，
淋1汤匙樱桃酒

黑森林
松糕杯

苹果栗子松糕杯

100 g栗子酱

50 cl惯奶油+1棵香草荚，取籽

4个苹果，切丁，用20 g黄油和
红糖煎熟

180 g黄油曲奇饼干，碾碎

2汤匙巧克力末

香橙巧克力
松糕杯

4个橙子切丁

200 g酸奶慕斯+1咖啡匙面包专用香料

16块饼干，碾碎，淋2汤匙君度橙酒®

覆盆子玫瑰
饼干松糕杯

200 g马斯卡普尼奶酪+200 g白奶酪+
1个柠檬榨汁，取皮切碎+100 g冰糖

250 g整鲜覆盆子

100 g覆盆子泥

12块兰斯玫瑰饼干，碾碎

98

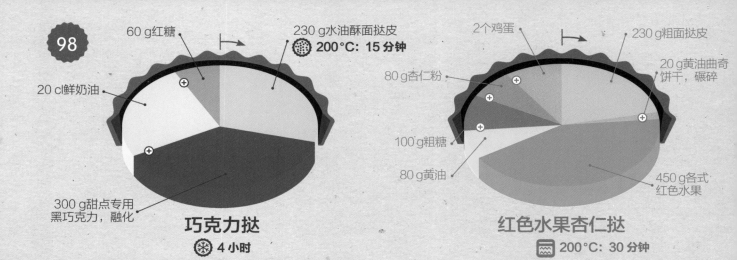

巧克力挞

60 g红糖

20 cl鲜奶油

230 g水油酥面挞皮
200°C: 15 分钟

300 g甜点专用黑巧克力，融化

❄ 4 小时

红色水果杏仁挞

2个鸡蛋

80 g杏仁粉

100 g粗糖

80 g黄油

230 g粗面挞皮

20 g黄油曲奇饼干，碾碎

450 g各式红色水果

200°C: 30 分钟

甜味挞

杏香开心果挞

30 g无咸味开心

30 g黄油

100 g粗糖

230 g甜面挞皮

50 g杏仁粉

600 g鲜杏仁肉

200°C: 30 分钟

苹果挞

10 g香草糖

30 g黄油

230 g水油酥面挞皮

300 g苹果，切薄片

350 g苹果泥

210°C: 30 分钟

覆盆子挞

20 g冰糖

20 g覆盆子果冻

500 g鲜覆盆子

230 g粗面挞皮

250 g甜点专用奶油

200°C: 12 分钟

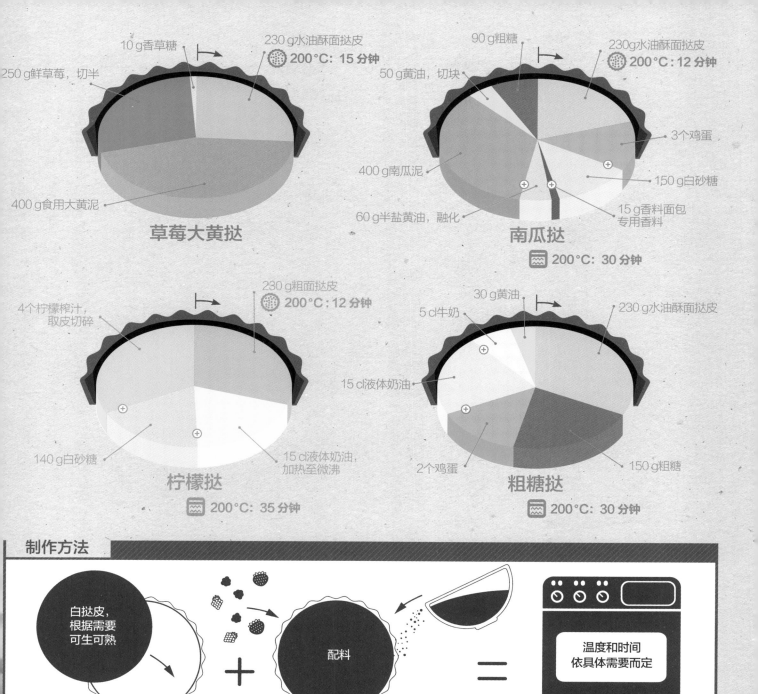

草莓大黄挞

10 g香草糖

230 g水油酥面挞皮
200℃: 15 分钟

250 g鲜草莓，切半

400 g食用大黄泥

南瓜挞

90 g粗糖

50 g黄油，切块

230g水油酥面挞皮
200℃: 12 分钟

3个鸡蛋

400 g南瓜泥

150 g白砂糖

60 g半盐黄油，融化

15 g香料面包专用香料

200℃: 30 分钟

柠檬挞

4个柠檬榨汁，取皮切碎

230 g粗面挞皮
200℃: 12 分钟

140 g白砂糖

15 cl液体奶油，加热至微沸

200℃: 35 分钟

粗糖挞

30 g黄油

5 cl牛奶

230 g水油酥面挞皮

15 cl液体奶油

2个鸡蛋

150 g粗糖

200℃: 30 分钟

制作方法

白挞皮，根据需要可生可熟

配料

温度和时间依具体需要而定

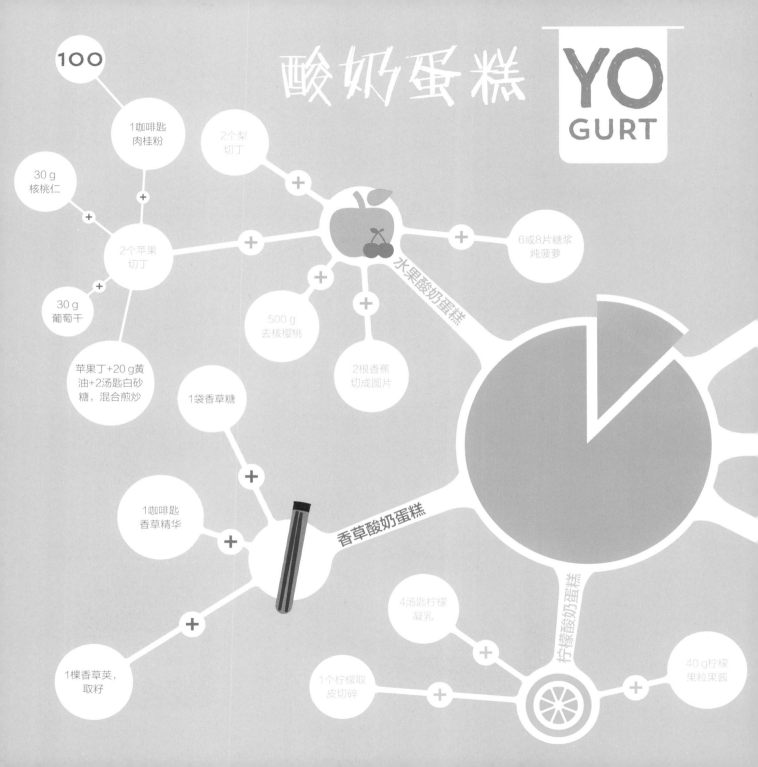

酸奶蛋糕 YO GURT

水果酸奶蛋糕

1咖啡匙肉桂粉

2个梨切丁

30 g核桃仁

2个苹果切丁

6或8片糖浆炖菠萝

30 g葡萄干

500 g去核樱桃

苹果丁+20 g黄油+2汤匙白砂糖，混合煎炒

2根香蕉切成圆片

1袋香草糖

香草酸奶蛋糕

1咖啡匙香草精华

柠檬酸奶蛋糕

4汤匙柠檬凝乳

1棵香草荚，取籽

1个柠檬取皮切碎

40 g柠檬果粒果酱

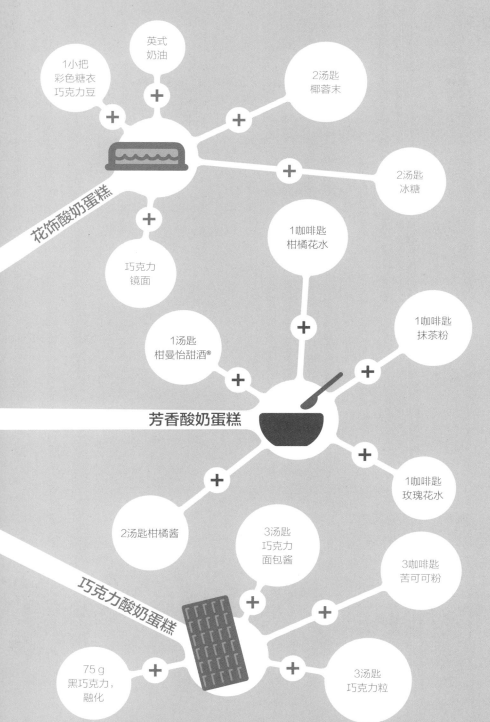

花饰酸奶蛋糕

1小把
彩色糖衣
巧克力豆

英式
奶油

2汤匙
椰蓉末

2汤匙
冰糖

巧克力
镜面

芳香酸奶蛋糕

1咖啡匙
柑橘花水

1咖啡匙
抹茶粉

1汤匙
柑曼怡甜酒®

1咖啡匙
玫瑰花水

巧克力酸奶蛋糕

2汤匙柑橘酱

3汤匙
巧克力
面包酱

3咖啡匙
苦可可粉

75 g
黑巧克力,
融化

3汤匙
巧克力粒

制作方法

酸奶 ×1 ＋ 白砂糖 ×2

＋ 面粉 ×3 ＋ 酵母 1/2

＋ 🥚🥚

180°C

30分钟

巧克力

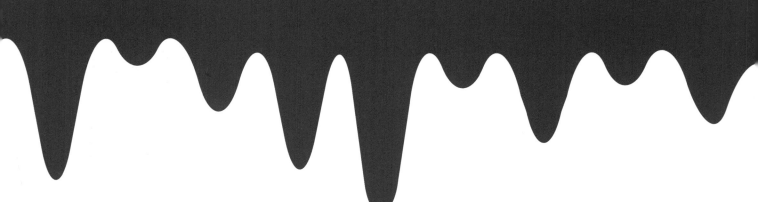

你来晚了，巧克力已被吃光。

巧克力大侠

巧克力 ②

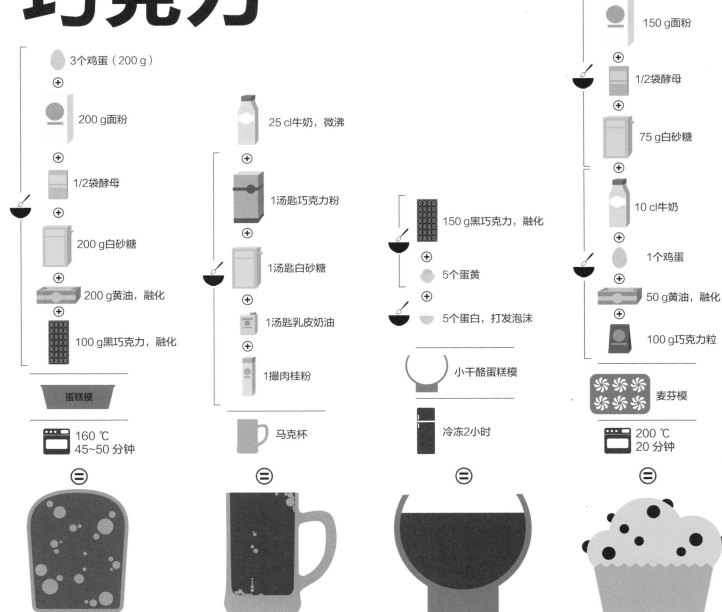

"四分之四" 巧克力蛋糕

- 3个鸡蛋（200 g）
- ⊕
- 200 g面粉
- ⊕
- 1/2袋酵母
- ⊕
- 200 g白砂糖
- ⊕
- 200 g黄油，融化
- ⊕
- 100 g黑巧克力，融化

蛋糕模

160 ℃
45~50 分钟

热巧克力

- 25 cl牛奶，微沸
- ⊕
- 1汤匙巧克力粉
- ⊕
- 1汤匙白砂糖
- ⊕
- 1汤匙乳皮奶油
- ⊕
- 1撮肉桂粉

马克杯

巧克力慕斯

- 150 g黑巧克力，融化
- ⊕
- 5个蛋黄
- ⊕
- 5个蛋白，打发泡沫

小干酪蛋糕模

冷冻2小时

巧克力麦芬

- 150 g面粉
- ⊕
- 1/2袋酵母
- ⊕
- 75 g白砂糖
- ⊕
- 10 cl牛奶
- ⊕
- 1个鸡蛋
- ⊕
- 50 g黄油，融化
- ⊕
- 100 g巧克力粒

麦芬模

200 ℃
20 分钟

开个玩笑，别生气！

巧克力大侠

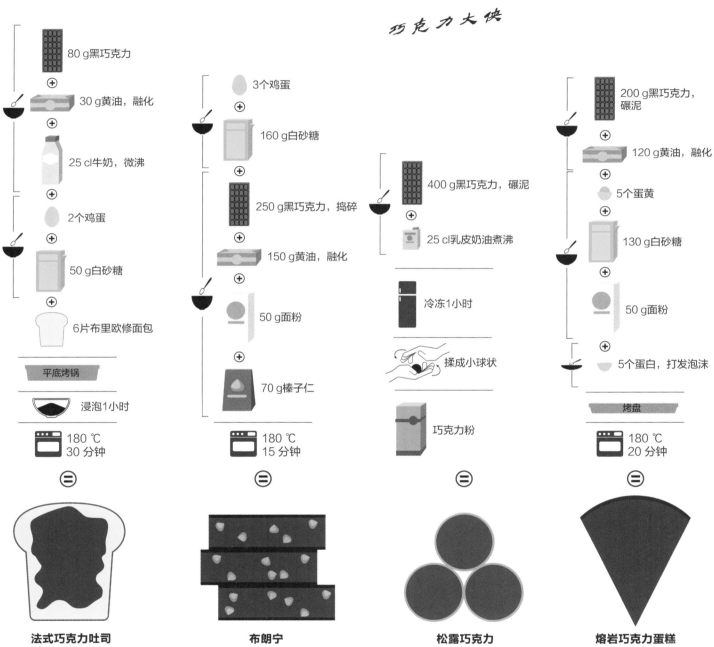

法式巧克力吐司

- 80 g黑巧克力
- ＋
- 30 g黄油，融化
- ＋
- 25 cl牛奶，微沸
- ＋
- 2个鸡蛋
- ＋
- 50 g白砂糖
- ＋
- 6片布里欧修面包

平底烤锅

浸泡1小时

180 ℃ 30 分钟

＝

布朗宁

- 3个鸡蛋
- ＋
- 160 g白砂糖
- ＋
- 250 g黑巧克力，捣碎
- ＋
- 150 g黄油，融化
- ＋
- 50 g面粉
- ＋
- 70 g榛子仁

180 ℃ 15 分钟

＝

松露巧克力

- 400 g黑巧克力，碾泥
- ＋
- 25 cl乳皮奶油煮沸

冷冻1小时

揉成小球状

巧克力粉

＝

熔岩巧克力蛋糕

- 200 g黑巧克力，碾泥
- ＋
- 120 g黄油，融化
- ＋
- 5个蛋黄
- ＋
- 130 g白砂糖
- ＋
- 50 g面粉
- ＋
- 5个蛋白，打发泡沫

烤盘

180 ℃ 20 分钟

＝

20种曲奇

三色巧克力曲奇

40 g黑巧克力粒
40 g白巧克力粒
40 g牛奶巧克力粒

花生曲奇

125 g花生酱
50 g原味花生
50 g牛奶巧克力粒（黄油减30 g）

碧根果曲奇

50 g碧根果
100 g果仁巧克力，融化

燕麦曲奇

30 g葡萄干
120 g燕麦（面粉减75 g）

榛子曲奇

75 g甜点专用黑巧克力，融化
50 g榛子仁，碾碎

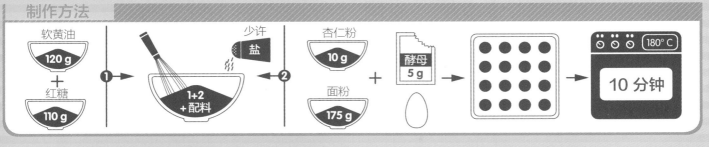

制作方法

软黄油 120 g
+
红糖 110 g

① →

1+2 +配料

少许 盐

← ②

杏仁粉 10 g

面粉 175 g

+ 酵母 5 g

180°C

10 分钟

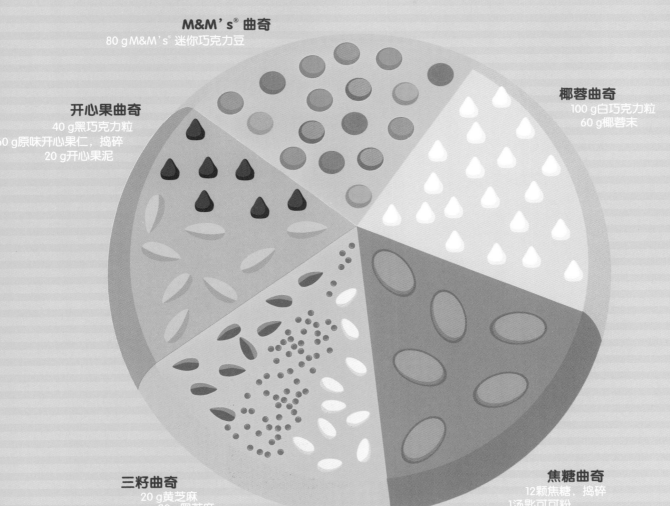

M&M's® 曲奇
80 g M&M's® 迷你巧克力豆

椰蓉曲奇
100 g白巧克力粒
60 g椰蓉末

开心果曲奇
40 g黑巧克力粒
60 g原味开心果仁，捣碎
20 g开心果泥

三籽曲奇
20 g黄芝麻
20 g黑芝麻
20 g黑种草籽

焦糖曲奇
12颗焦糖，捣碎
1汤匙可可粉

华夫饼

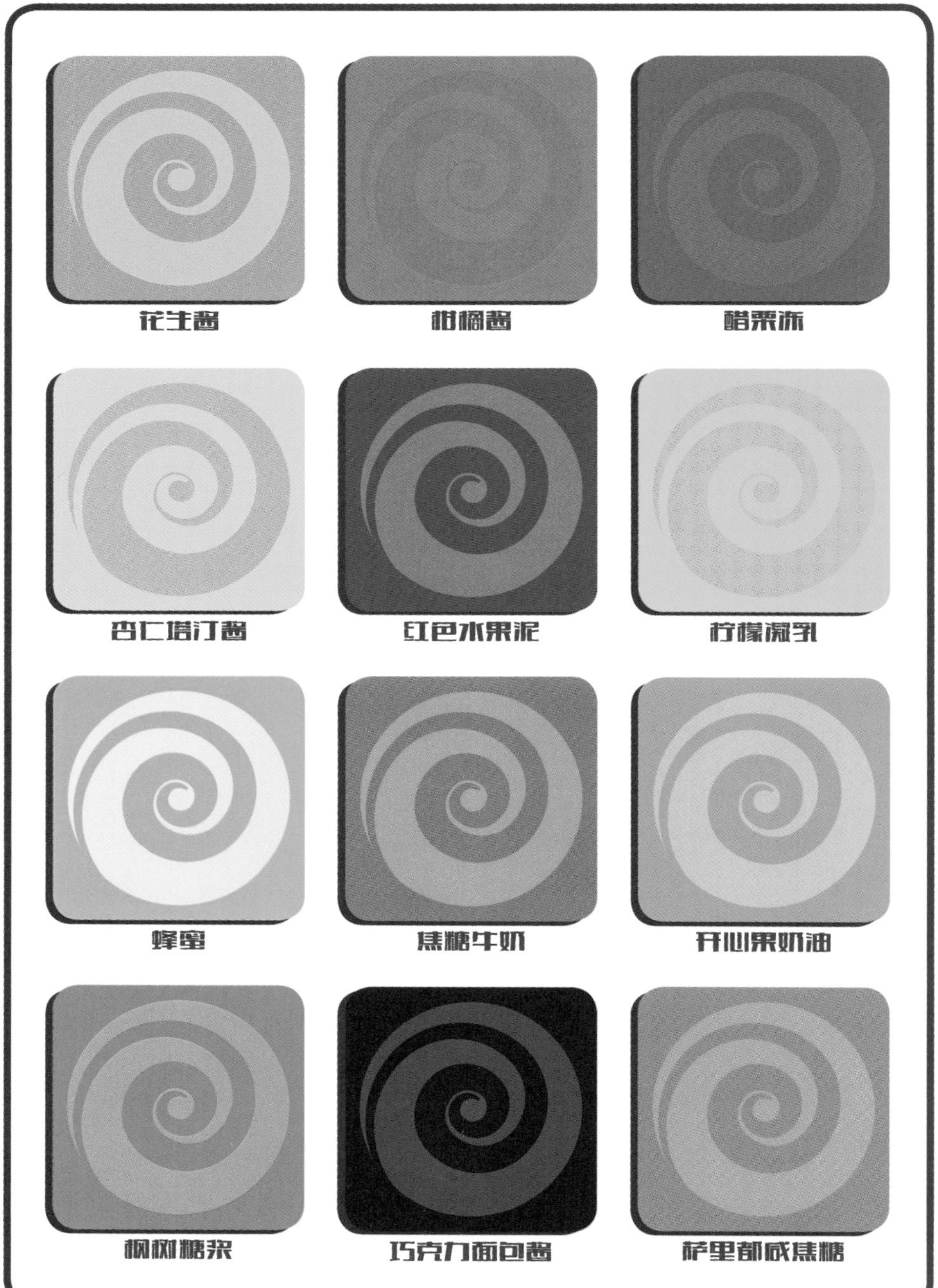
花生酱
柑橘酱
醋栗冻
杏仁塔汀酱
红色水果泥
柠檬凝乳
蜂蜜
焦糖牛奶
开心果奶油
枫树糖浆
巧克力面包酱
萨里郡咸焦糖

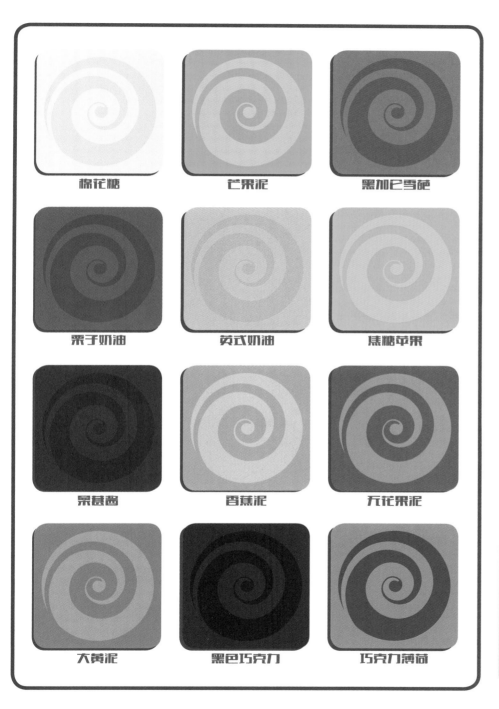

棉花糖　　　　　芒果泥　　　　　黑加仑雪葩

栗子奶油　　　　英式奶油　　　　焦糖苹果

黑醋酱　　　　　香蕉泥　　　　　无花果泥

大黄泥　　　　　黑色巧克力　　　巧克力薄荷

制作方法

酵母 11 g　　香草糖 11 g

275 g 面粉

盐

35 cl 牛奶

双面各烤2分钟

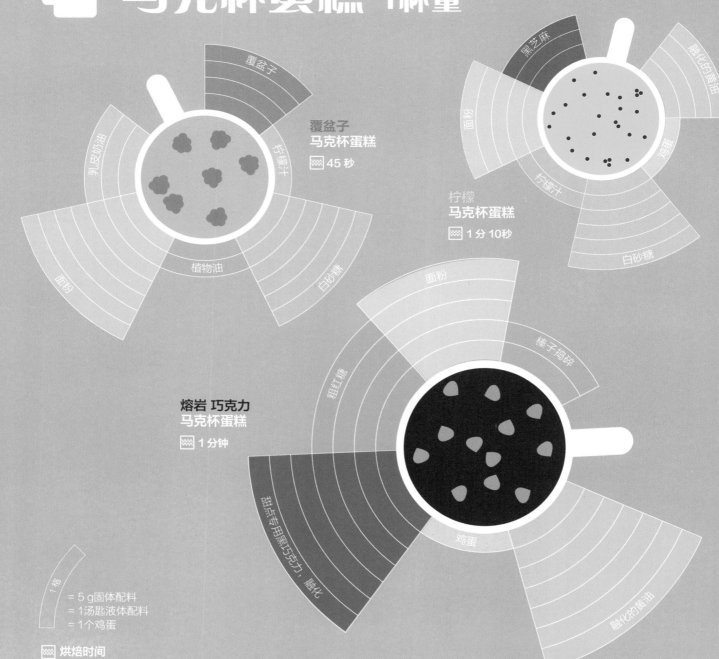

马克杯蛋糕 1杯量

覆盆子

乳皮奶油

柠檬汁

面粉

植物油

白砂糖

**覆盆子
马克杯蛋糕**

〰️ 45 秒

黑芝麻

面粉

融化的黄油

柠檬汁

鸡蛋

白砂糖

**柠檬
马克杯蛋糕**

〰️ 1 分 10秒

面粉

榛子捣碎

粗红糖

**熔岩 巧克力
马克杯蛋糕**

〰️ 1 分钟

甜点专用黑巧克力，融化

鸡蛋

融化的黄油

1格

= 5 g固体配料
= 1汤匙液体配料
= 1个鸡蛋

〰️ 烘焙时间

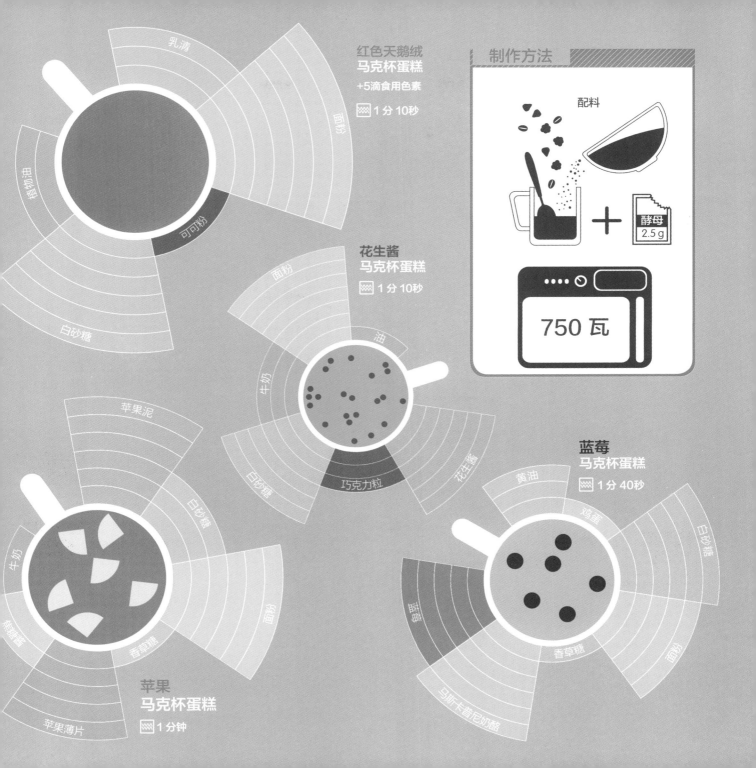

红色天鹅绒
马克杯蛋糕

+5滴食用色素

〰 1 分 10 秒

乳清

面粉

可可粉

植物油

白砂糖

花生酱
马克杯蛋糕

〰 1 分 10 秒

面粉

油

牛奶

花生酱

白砂糖

巧克力粒

制作方法

配料

酵母
2.5 g

750 瓦

苹果泥

牛奶

白砂糖

面粉

焦糖酱

香草糖

苹果薄片

苹果
马克杯蛋糕

〰 1 分钟

蓝莓
马克杯蛋糕

〰 1 分 40 秒

黄油

鸡蛋

白砂糖

蓝莓

面粉

香草糖

马斯卡普尼奶酪

纸杯蛋糕 12种做法

125 g 融化的黄油

3个鸡蛋

5汤匙牛奶

125 g 白砂糖

150 g 面粉

1/2袋 酵母

+ 以下配料任选其一

80 g 巧克力，融化

1个柠檬，榨汁

2个苹果切丁、煎炒

2咖啡匙抹茶粉

1棵香草荚，取籽

150 g 胡萝卜，切碎

4汤匙杏酱

50 g 开心果酱

将面团倒入纸杯

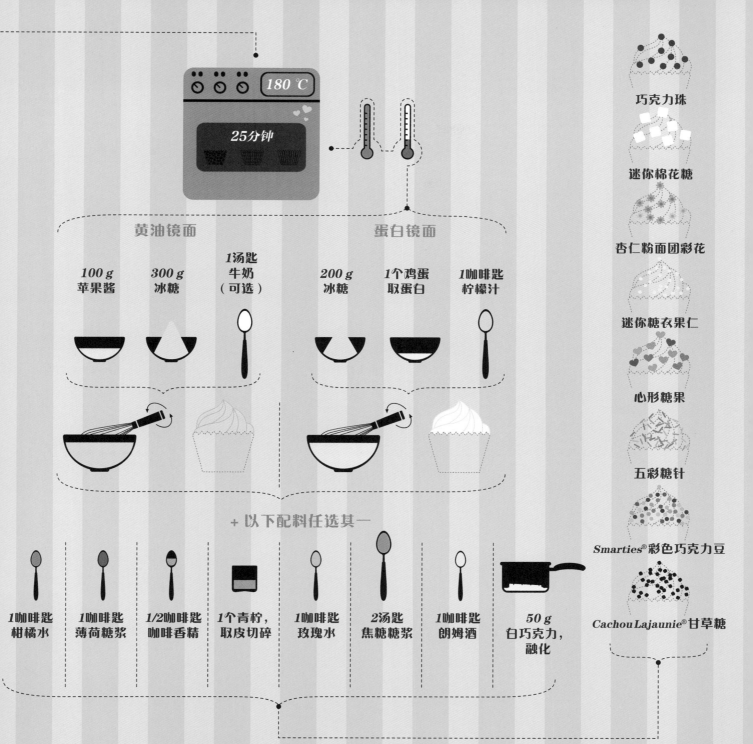

180 ℃

25分钟

黄油镜面

100 g
苹果酱

300 g
冰糖

1汤匙
牛奶
（可选）

蛋白镜面

200 g
冰糖

1个鸡蛋
取蛋白

1咖啡匙
柠檬汁

+ 以下配料任选其一

1咖啡匙
柑橘水

1咖啡匙
薄荷糖浆

1/2咖啡匙
咖啡香精

1个青柠，
取皮切碎

1咖啡匙
玫瑰水

2汤匙
焦糖糖浆

1咖啡匙
朗姆酒

50 g
白巧克力，
融化

巧克力珠

迷你棉花糖

杏仁粉面团彩花

迷你糖衣果仁

心形糖果

五彩糖针

Smarties® 彩色巧克力豆

Cachou Lajaunie® 甘草糖

奶昔

1杯量的奶昔：加入配料混合，最后添加尚蒂伊鲜奶油和奶油泡沫

1 草莓奶昔：20 cl牛奶 / 1球香草冰淇淋 / 75 g草莓去梗 / 2滴香草精华 / 尚蒂伊鲜奶油
2 咖啡奶昔：20 cl牛奶 / 2球咖啡冰淇淋 / 2汤匙冰咖啡 / 奶油打发泡沫 / 苦可可粉
3 芒果奶昔：15 cl椰汁 / 1球香草冰淇淋 / 1球椰蓉冰淇淋 / 1/2个芒果去皮、切碎 / 1汤匙蜂蜜

Café

浓缩咖啡：3 cl
双倍浓缩咖啡：6 cl
肉斯雀朵：2.2 cl
大杯浓缩咖啡：9 cl

玛奇朵咖啡
• 6 cl浓缩咖啡
• 1勺奶泡

梅兰锡咖啡
• 6 cl浓缩咖啡
• 1勺奶油泡沫

奶油咖啡
• 6 cl浓缩咖啡
• 3 cl鲜奶油

榛果咖啡
• 6 cl浓缩咖啡
• 3 cl热牛奶

奶泡咖啡
• 6 cl浓缩咖啡
• 3 cl蒸牛奶

卡布奇诺
• 6 cl浓缩咖啡
• 6 cl凉牛奶
• 6 cl蒸牛奶

干卡布奇诺
• 6 cl浓缩咖啡
• 12 cl奶泡

美式咖啡
• 6 cl浓缩咖啡
• 9 cl热水

 小咖啡杯（9 cl）

 中咖啡杯（15 cl）

 大咖啡杯（36 cl）

 碗（36 cl）

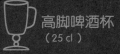 高脚啤酒杯（25 cl）

西班牙冰咖啡
- 6 cl浓缩咖啡
- 2个冰块

摩卡咖啡
- 6 cl浓缩咖啡
- 6 cl热巧克力
- 3 cl蒸牛奶

阿芙佳朵
- 6 cl浓缩咖啡
- 1球香草冰淇淋

维也纳咖啡
- 6 cl浓缩咖啡
- 6 cl热巧克力
- 6 cl奶油泡沫

康宝蓝咖啡
- 6 cl浓缩咖啡
- 9 cl奶油泡沫

拿铁咖啡
- 6 cl浓缩咖啡
- 30 cl蒸牛奶
- 2 ml奶泡

咖啡加奶
- 18 cl过滤咖啡
- 18 cl煮沸的牛奶

欧蕾咖啡
- 15 cl浓缩咖啡
- 15 cl蒸牛奶

爱尔兰咖啡
- 10 cl浓缩咖啡
- 5 cl苏格兰威士忌
- 2块方糖
- 5 cl奶油泡沫

茶

茶艺之道

1 择水

自来水	矿物质水	泉水
☑ 可用（过滤） ☐ 不可用	☐ 可用 ☑ 不可用	☑ 可用 ☐ 不可用

2 备器

2 g茶叶配10 cl水　　　4 g茶叶配20 cl水

3 取火候汤

白茶

🌡 65~70 ℃

🕐 5~10 分钟

日本绿茶

🌡 60~75 ℃

🕐 2~4 分钟

中国绿茶

🌡 75~80 ℃

🕐 3~4 分钟

黄茶

🌡 70~75 ℃

🕐 5~6 分钟

乌龙茶

🌡 80~85 ℃

🕐 4~6 分钟

红茶

🌡 90~95 ℃

🕐 5 分钟

黑茶

🌡 90~95 ℃

🕐 3~5 分钟

烟熏茶

🌡 90~95 ℃

🕐 4~5 分钟

下午茶时间

玛夏拉红茶

肉桂 • 绿豆蔻
• 丁香 • 黑胡椒 • 姜
• 黑茶 • 牛奶 • 方糖

俄式红茶

烟熏茶 • 红糖
• 橙皮 • 柠檬片

克什米尔玫瑰茶

克什米尔绿茶
• 小苏打 • 豆蔻
• 全脂奶 • 盐 • 杏仁，捣碎
• 开心果仁，捣碎

薄荷茶

绿茶
• 薄荷叶 • 方糖

英式红茶

香柠黑茶
• 方糖 • 牛奶

冰茶

黑茶 • 柠檬皮
• 方糖 • 2个柠檬片 • 冰块

经典鸡尾酒

玛格丽特

- 8 cl龙舌兰
- 4 cl柑橙酒
- 6 cl青柠汁
- 冰块

血腥玛丽

- 8 cl番茄汁
- 2 cl伏特加
- 少许伍斯特辣酱油
- 1撮芹菜盐

曼哈顿

- 2.5 cl红色苦艾酒
- 4.5 cl黑麦威士忌
- 少许安歌斯图拉苦艾酒
- 冰块

莫吉托

- 青柠切成4瓣
- 12片薄荷叶
- 2 cl蔗糖糖浆
- 7 cl白朗姆酒
- 冰沙
- 气泡水

白俄罗斯

- 9 cl伏特加
- 3 cl甘露咖啡力娇酒®
- 2 cl液体奶油
- 1 cl牛奶
- 冰块

蓝色珊瑚礁

- 6 cl伏特加
- 3 cl柠檬汁
- 1 cl蓝柑橘甜酒
- 冰块

自由古巴

- 15 cl红葡萄酒
- 3 cl白兰地
- 1撮丁香
- 1撮肉桂粉
- 2咖啡匙白砂糖

热酒

- 15 cl红葡萄酒
- 3 cl白兰地
- 1撮丁香
- 1撮肉桂粉
- 2咖啡匙白砂糖

 20分钟

调酒器
摇匀

 研杵
捣碎

 倒入
搅拌杯

 搅拌勺
搅拌

 鸡尾酒
滤网过滤

121

凯匹林亚

- 威士忌酒杯
- 5瓣1/4柠檬
- 2 咖啡匙白砂糖

- 冰沙
- 5 cl巴西卡莎萨酒

龙舌兰日出

- 12 cl橙汁
- 6 cl龙舌兰
- 冰块

- 2 cl石榴糖浆

大都会

- 4 cl伏特加
- 2 cl柑橙酒
- 2 cl酸果蔓汁
- 1 cl青柠汁
- 冰块

基尔

- 12 cl勃艮第白葡萄酒
- 1 咖啡匙黑加仑奶油

哈维撞墙

- 4 cl伏特加
- 12 cl橙汁
- 冰块

- 2 cl加里安奴利口酒

绿色蚱蜢

- 3 cl绿薄荷利口酒
- 3 cl白巧克力利口酒
- 3 cl鲜奶油
- 冰块

椰林飘香

- 8 cl菠萝汁
- 4 cl白朗姆酒
- 4 cl椰子利口酒
- 冰块

狂欢次日

- 1片阿司匹林
- 15 cl水

过量饮酒有害健康，请适量饮用含酒精饮料。

香槟鸡尾酒

少许蔗糖糖浆

4 cl桃子泥

8 cl香槟酒

贝利尼

2 cl白兰地

10 cl香槟酒

1块红方糖，淋少许
安歌斯圖拉苦艾酒

香槟鸡尾酒

1 cl柑橙酒

8 cl橙汁

4 cl香槟酒

含羞草

3 cl苦艾酒

9 cl香槟酒

午后之死

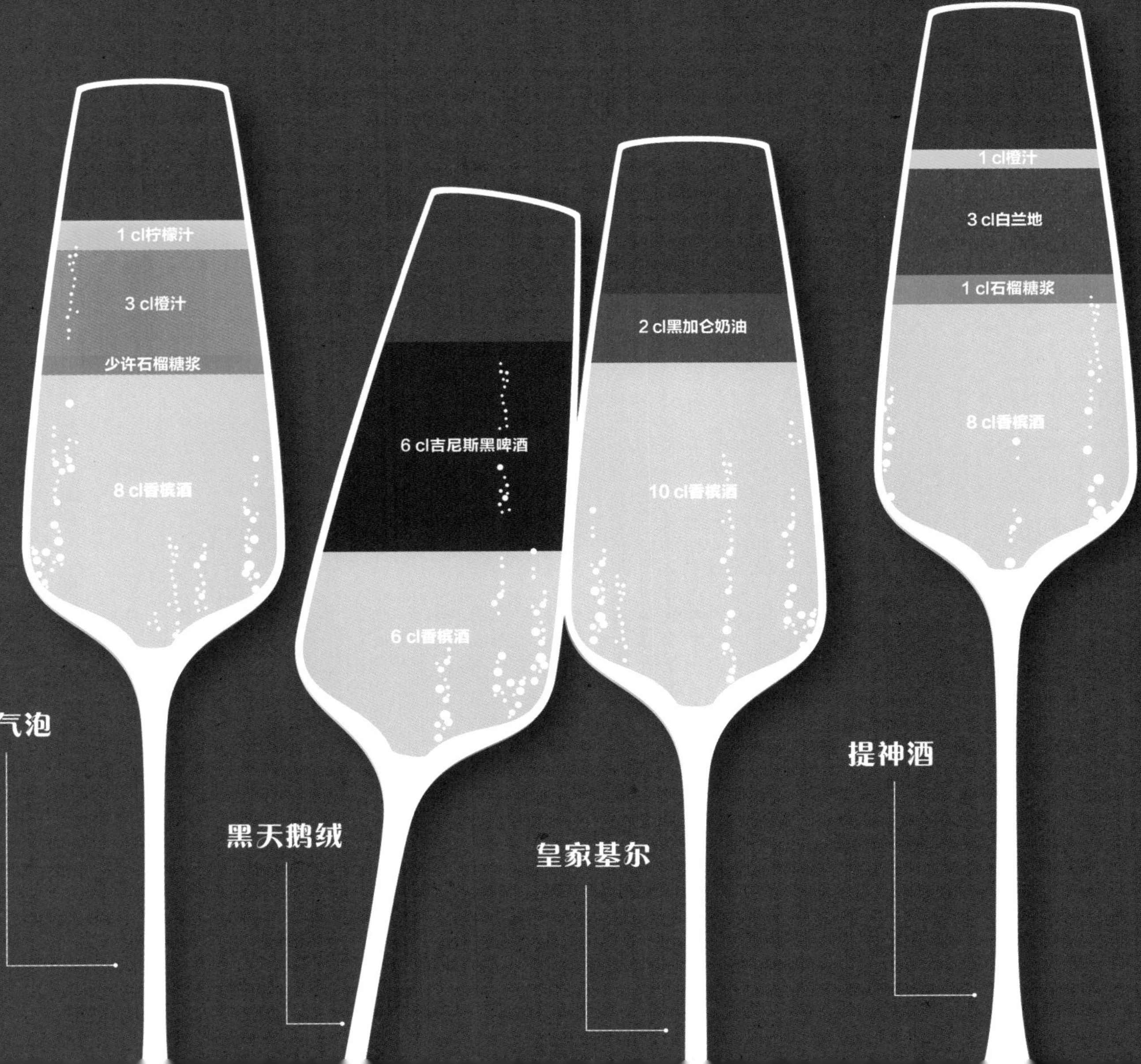

气泡

1 cl柠檬汁

3 cl橙汁

少许石榴糖浆

8 cl香槟酒

黑天鹅绒

6 cl吉尼斯黑啤酒

6 cl香槟酒

皇家基尔

2 cl黑加仑奶油

10 cl香槟酒

提神酒

1 cl橙汁

3 cl白兰地

1 cl石榴糖浆

8 cl香槟酒

过量饮酒有害健康，请适量饮用含酒精饮料。

SHOTS

喔！喔！
3 cl酸果蔓汁
1.5 cl桃子杜松子烈酒
1.5 cl伏特加

敢死队
4 cl伏特加
2 cl君度橙酒®
1 cl柠檬汁

蓝色敢死队
2 cl伏特加
2 cl蓝柑橘甜酒
2 cl青柠汁

黑色俄罗斯
4 cl伏特加
2 cl甘露咖啡力娇酒®

亚拉巴马监狱
2 cl苦杏酒
2 cl桃子利口酒
2 cl黑刺李金酒
少许柠檬汁

俄罗斯醉不醒
2 cl加里安奴利口酒®
2 cl查特绿香甜酒
2 cl伏特加

酷爽薄荷吻
3 cl薄荷利口酒
3 cl茴香酒

柠檬滴
3 cl伏特加，加柠檬汁
3 cl意大利柠檬甜酒
少许柠檬汁
少许柠檬糖浆

紫色阴霾
4 cl伏特加
少许君度橙酒®
少许柠檬汁
少许桑葚汁（最后一
步直接加入杯中）

混合彩虹酒
将配料加冰块倒入调酒器，快速摇匀，倒入口杯。

B-52
2 cl柑曼怡甜酒®
2 cl百利®甜酒
2 cl甘露咖啡力娇酒®

爱尔兰旗帜
2 cl香橙利口酒
2 cl百利®甜酒
2 cl薄荷奶油

QF
2.5 cl百利®甜酒
2.5 cl甘露咖啡力娇酒®
1 cl香瓜利口酒

吉尼斯宝贝
2 cl百利®甜酒
4 cl甘露咖啡力娇酒®

B4-12
2 cl香草伏特加
2 cl百利®甜酒
2 cl苦杏酒

ABC
2 cl香博利口酒®
或桑葚利口酒®
2 cl百利®甜酒
2 cl苦杏酒

维斯克利派
2滴塔巴斯哥辣酱®
3 cl伏特加
2 cl覆盆子糖浆

乔-巴祖卡火箭筒
1 cl蓝柑橘甜酒
2 cl百利®甜酒
2 cl伏特加

聋人膝
2 cl柑曼怡甜酒®
2 cl巧克力杜松子烈酒
2 cl薄荷利口酒

过量饮酒有害健康，请适量饮用含酒精饮料。

分层彩虹酒
将配料沿长勺柄缓缓流入口杯，铺成一层一层的颜色。

索引

图书在版编目（CIP）数据

好吃的信息图 / （法）洛盖，（法）埃斯特维著 ； 戴
童译. -- 北京 : 人民邮电出版社，2016.6
ISBN 978-7-115-42461-7

Ⅰ．①好… Ⅱ．①洛… ②埃… ③戴… Ⅲ．①菜谱—
世界 Ⅳ．①TS972.18

中国版本图书馆CIP数据核字 (2016) 第109789

版 权 声 明

内 容 提 要

本书通过新颖、独到的信息图设计展现全球美食文化，以崭新的设计理念介绍西式简餐、甜点和饮品的烹制方法。
精美的信息图令美食呈现出前所未见的惊人面貌。

◆ 著　　　　［法］伯兰特·洛盖 ［法］安娜-洛尔·埃斯特维
　　译　　　　戴　童
　　责任编辑　陈　曦
　　责任印制　彭志环
◆ 人民邮电出版社出版发行　　　北京市丰台区成寿寺路11号
　　邮编　100164　电子邮件　315@ptpress.com.cn
　　网址　http://www.ptpress.com.cn
　　北京捷迅佳彩印刷有限公司印刷
◆ 开本：889×1194　1/20
　　印张：6.6
　　字数：57千字　　　　　　　　2016年6月第1版
　　印数：1-4000册　　　　　　　2016年6月北京第1次印刷
　　　　著作权合同登记号　图字：01-2015-7478号

定价：59.00元
读者服务热线：(010)51095186转600　印装质量热线：(010)81055316
反盗版热线：(010)81055315
广告经营许可证：京东工商广字第8052号